집안일
쉽게
하는 법

귀차니스트를 위한 살림 아이디어 250

집안일 쉽게 하는 법

◆ 정리수납 어드바이저 aki ◆

즐거운상상

집안일을 시스템화하면
일상이 편해집니다

저는 원래 청소나 수납에 크게 신경쓰지 않고 살았습니다. 집안은 늘 뒤죽박죽이었고 외출 한 번 하려면 필요한 물건을 찾느라 허둥지둥하기 일쑤였지요. 마음도 안정되어 있지 않고 늘 초조해하면서 살았어요. 하지만 개선해야겠다는 생각은 전혀 하지 않았습니다. 그러던 중 배 속에 있던 셋째 아이를 잃게 되었고 큰 충격으로 한동안 집에 틀어박혀 지냈습니다.

어느 날, '그래, 내일 아침에 일어나면 거실 걸레질을 좀 해보자'라는 생각이 들었어요. 실컷 울고 밑바닥까지 내려간 상태에서 스스로 바꿔보겠다는 마음의 신호였던 것 같습니다.

다음 날 아침 걸레질을 해봤더니 움직이는 동안 조금 나아졌습니다. 걸레질을 마치자, 신기하게도 기분이 상쾌해지고 바닥은 깨끗해졌습니다. 이날을 기점으로 청소 범위를 점점 넓혀갔습니다. 그리고 수납에도 관심을 갖기 시작했습니다. 워킹맘이었기 때문에 회사에 복귀하면서 아이들을 어린이집에 맡기게 되었지요. 일과 집안일, 육아를 하려니 매일 전쟁터나 다름없었습니다.

'빨리 옷 갈아입자', '빨리 먹어야 돼', '시간이 없으니까 빨리빨리 해'…. 퇴근해서 집에 돌아와서도 다음날 등원 준비를 하고 저녁을 먹이느라 정신이 없었어요. 식탁에 앉자마자 '과자 주세요', '숟가락이 없는데요'…. 겨우 자리에 앉았는데, 짜증이 나는 상황은 계속되었지요.

아이들을 재운 뒤 집을 둘러보면 그야말로 난장판. 잠들기 전에는 항상 '왜 그렇게 화를 냈을까'하고 후회하는 날들의 연속이었습니다.

나 자신에게 너무 신물이 나서 하나씩 해결해 나가자고 결심했어요. 우선 수납을 바꾸기 시작했어요. 예를 들면 앉은 채 꺼낼 수 있는 장소에 숟가락을 수납해 두면 식탁에서 '숟가락 주세요'라고 해도 일어설 필요가 없으니 화낼 일도 사라지는 것이지요.

'동선을 생각한 수납 시스템'으로 바꿔가면서 짜증 포인트를 하나씩 제거해 나갔습니다. 어린이집 등원 준비를 하며 옷을 갈아입혔는데 스스로 할 수 있는 것은 하게 하자는 생각이 들었습니다. 아이들이 혼자 옷을 갈아입기 쉬운 시스템을 시도하고 장난감도 아이 의견을 적극 반영하여 수납 시스템을 만들었어요.

집안 전체 수납 시스템도 가족이 함께 개선해 나갔습니다. 이후 '시간을 더 단축할 수 있는 시스템'을 고민하는 것이 습관이 되었어요. 청소, 세탁, 요리 등 어떻게 하면 덜 움직이면서 짧은 시간에 해낼 수 있는 구조를 만들 것인가 늘 생각하고 실천해 나가고 있지요. 마치 게임처럼 즐기고 있다고 할까요?

청소와 정리 스트레스도 줄어들었어요. 자연스럽게 정리할 수 있는 '시스템' 덕분입니다. 정돈된 집에서 보내는 시간은 더없는 행복입니다. 집안일을 시스템화함으로써 나만의 시간을 확보할 수 있고 어떤 일에 시간을 사용하고 싶은지도 명확해져 충실한 일상을 보낼 수 있게 되었습니다.

어쩌면 지금 이 책을 읽고 계신 분 중에는 '힘들고 짜증나는 집안일에서 해방되고 싶다'라는 마음 이전에 '더 편하게 살고 싶다', '더 쉽게 수납하고 싶다', '나를 위한 시간을 더 많이 갖고 싶다'라는 긍정적인 생각을 하는 분도 많을 것입니다. 부디 이 책이 쾌적하고 이상적인 생활을 만들어 나가는 데 도움이 되길 바랍니다.

'귀찮다'라는 생각이 들면 시도!
스트레스 제로를 만드는 순서
zero

실내 건조하는 빨래가
거실을 점령

건조대를 사용하지
않고 말리고 싶다

왜 귀찮은가
생각한다

왜 자꾸 짜증이 나는 걸까? 원인을 먼저
생각해 봅니다. 귀찮다는 감정을 들여다
보면 나쁜 면만 있는 것이 아니라 개선
할 수 있는 좋은 계기가 되기도 합니다.
예를 들면 실내 건조 빨래가 거실을 점
령해서 공간이 좁다고 느낀다면 그것이
개선의 계기입니다.

귀찮지 않은
방법을 생각한다

'귀찮다'의 반대는 무엇일까 생각해 봅니
다. 실내 건조가 문제라면 거실이 복잡
해 보이지 않는 건조법은 무엇일까? 빨
래 건조대 자체가 문제일지도 모른다.
그렇다면 건조대를 쓰지 않고 말리는 방
법은 없을까? 등 이미지를 떠올려 봅니
다.

좀 더 '귀찮지 않은' 방법이 없을까

날마다 시행착오!

말리고 싶을 때만
쏙 꺼내 쓰니 좋다

옷 수납 장소 옆에서
말리면 수고 제로

어디에?
무엇을 사용할 것인가?

이미지가 정해지면 실현할 수 있는 아이
템과 설치 장소를 모색. 실내 건조의 경
우, 빨래를 널 수 있는 줄이 있으면 공간
도 차지하지 않고 옷장 정리도 편하다고
판단. 온라인숍이나 균일가숍에서 아이
템을 찾아 시도해 봅니다.

스트레스 제로
시스템 완성

시도했을 때 스트레스가 줄어든다면 성
공. 한동안 그 방법대로 지속하다 보면
또 다른 귀찮음이 생기기도 합니다. 그
때는 다시 원인을 생각해 보고 어떻게
하면 해결할 수 있을지를 고민합니다.
이 과정의 반복이지요.

차례

제**1**장
스트레스 제로 청소 요령

제**2**장
스트레스 제로 세탁 요령

제3장
스트레스 제로 요리 요령

제4장
스트레스 제로 정리 요령

제5장
스트레스 제로
수납 요령

column 05 **수납은 온 가족이 함께 생각한다**

제6장
스트레스 제로 육아 요령

Epilogue

이 책 사용법

귀차니스트라도 궁금한 내용을 쉽게 알 수 있고 바로 따라 해볼 수 있도록 구성했습니다. 집안일 중 하기 어려운 부분부터 읽어보세요. 제목과 사진만 봐도 요령을 대충 알 수 있습니다. 읽는 수고도 최대한 줄였어요.

※ 후크를 부착할 때는 내하중과 벽면 등의 재질을 확인하세요.
※ 바닥이나 벽 등의 재질에 따라 소개된 세제나 상품이 부적합한 예도 있으니, 사전에 확인하세요.
※ 소개한 상품은 재고가 없을 수 있습니다.
※ 균일가숍의 상품이라도 가격이 다를 수 있습니다.

인스타에서 화제!
aki의

귀차니스트를 위한
집안일 요령
5

사용하는 곳 옆에

모아서 수납

쓰기 시작한 날짜 기록 ⇨ 다 쓸 때까지 며칠 걸렸나? ⇨ 계산하면 1년치 일용품의 기준량을 알 수 있습니다. 사용하는 장소 근처에 나눠서 수납하면 공간 확보도 쉽고 편리하므로 추천.

\ aki's comment /

일용품 구매 고민할
필요없이 1년을
보낼 수 있어 쾌적!

① ○○가 거의 떨어졌네! 사러 가야겠다! 기억해 둬야지! 라는 일 자체도 부담
② 마트에 가거나 인터넷 주문도 부담스러운 일
③ 메모를 하고 사러 가도 잊어버리고 사지 않는 물건이 있다.
④ 신제품을 보면 고민하는 시간이 늘고 필요없는 물건을 사들여 지출도 늘어난다.

①~④를 모두 해소하기 위해 시작한 일용품의 1년 치 수납. 그 결과, 집안에 전부 재고가 있는 상태로 생활하니 쇼핑 횟수가 줄고 과소비가 사라져 절약으로 이어집니다. 우선 3개월 분을 시도하고 6개월, 1년으로 늘려가면 도전하기 쉬울 것입니다.

2 평생 편한 서류 파일링

라벨을 엇갈리게 붙이거나 학교 관련 라벨은 파랑색 등 색깔로 구분하면 훨씬 찾기 쉽습니다. 첫 작업은 솔직히 귀찮지만 이렇게 해두면 평생 편해지니 해볼 만한 가치가 충분.

\ aki's comment /

필요할 때 찾는 시간
0초라 정신적으로
편해요

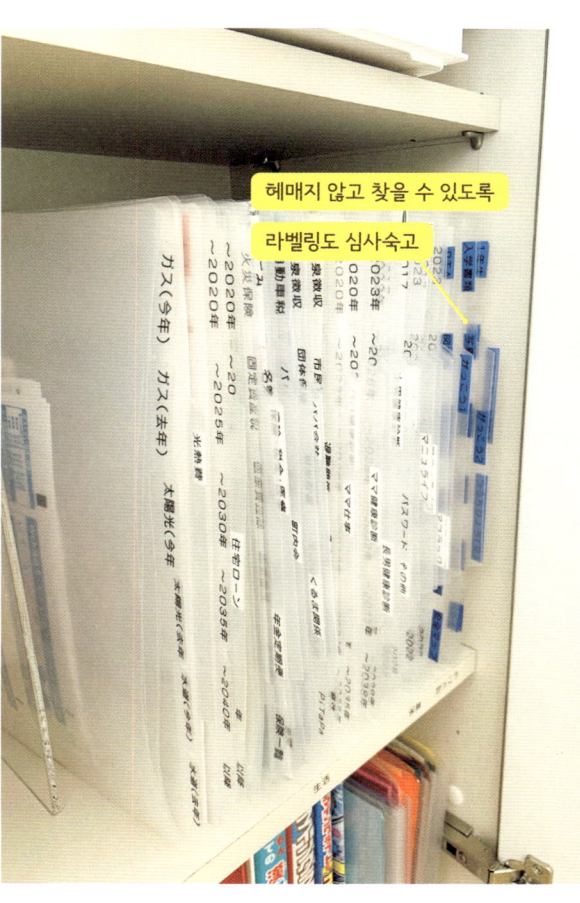

헤매지 않고 찾을 수 있도록

라벨링도 심사숙고

매일같이 생기는 서류. 집안이 어수선해지는 가장 큰 원인입니다. 그만큼 일단 서류수납 시스템을 갖추면 그 후엔 짜증 없이 편하게 할 수 있습니다. 서류는 한곳에 수납하는 것이 아니라 확인하는 빈도에 따라 장소를 달리합니다. 1년 이내에 확인하게 되는 서류는 거실에서 가장 확인하기 쉬운 장소에 수납합니다. 사용설명서, 보증서 등은 거의 확인할 일이 없으므로 2층에 수납. 서류는 보험, 생활, 학교의 3가지로 분류하고 쉽게 넣을 수 있는 균일가숍의 포켓 파일을 애용하고 있습니다.

3 실내 건조는 한 발자국도 움직이지 않고 옷을 정리할 수 있는 곳에

건조용품도 움직이지 않고
꺼낼 수 있다 !

말리는 곳 바로 옆벽에 후크를 달고 옷걸이류를 걸어서 수납. 도구를 넣고 꺼내는 번거로움도 없어요. 한 걸음도 움직일 필요 없이 바로 마른 빨래를 넣을 수 있어요.

\ aki's comment /

빨래 건조대를
넣고 꺼내는
번거로움에서도 해방

집안일 중에서도 빨래를 가장 싫어했기 때문에 어떻게든 1초라도 더 편하게 하는 방법을 고민해 보았습니다. 건조대가 바닥에 놓여있으면 공간이 줄어드는 것이 싫었어요. 청소할 때 치우는 것도 번거로웠기 때문에 '빨래를 말릴 때도 띄우자'라는 발상에서 벽에 와이어식 건조대를 설치. 바람이 잘 통하는 곳이라 빨리 마릅니다. 사소한 일이지만 물건이나 장소의 선택 하나로 훨씬 편해집니다.

잘 고른 식기 건조대로
스트레스 없이 사용

\ aki's comment /

설거지를 할 때도
설레고 싶다

행주걸이를 달고

후크에 걸어
컵이나 물병을 말린다

후크로 매일 쓰는
필러 자리를 만든다

커트러리용
바구니도 플러스

규조토 매트를 깔아
세탁의 수고에서 해방

그리고 여기에 넣는다

주방에 늘 꺼내놓는 식기 건조대. 모양도 마음에 들고 기능성도 좋으며 관리가 간단한 제품을 골랐어요. 자주 쓰는 식기의 사이즈와 두께를 고려하여 깔끔하게 수납되면서 식기가 착착 세워지는 것을 골랐기 때문에 어떻게 놓아야 잘 마르고 깔끔할까, 하며 설레는 마음으로 설거지합니다. 수저를 정리할 때 꺼내기 힘든 것이 작은 스트레스였기 때문에 식기 건조대 앞과 옆에 바구니와 고리를 달아 내 스타일로 맞춤 제작. 행주도 빨리 마를 수 있게 바를 달았어요.

5 스스로 하는
학용품 & 프린트 수납

\ aki's comment /

아이도 엄마도
편할 수 있는 시스템을
철저하게 추구

아이가 프린트를 수납 장소에 넣을 때 손이 트레이에 닿으면 스트레스를 받을 것 같아 폭과 높이에 여유가 있는 트레이를 준비했습니다. 덕분에 정리도 잘 되고 매일 잘 넣는 것 같아 다행입니다.

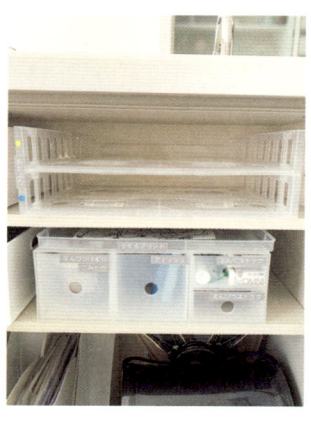

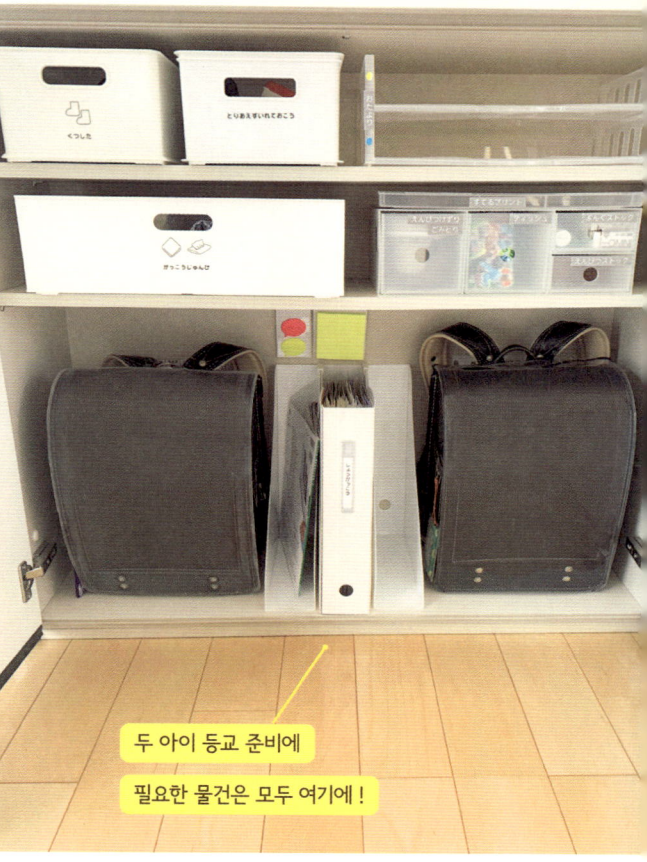

두 아이 등교 준비에

필요한 물건은 모두 여기에 !

연필깎이 보관함, 급식용 수건 보관함, 책가방 보관함 옆에 프린트 보관함도 설치. 등교 준비에 필요한 모든 것을 가까이 수납했기 때문에 아이들이 스스로 준비할 수 있어요. 학교 프린트물도 트레이에 넣어줍니다.

제가 훑어보고 처분해도 되는 것은 바로 아래의 '버릴 프린트 트레이'에, 보관이 필요한 것은 책가방 보관함 옆에 있는 자바라 파일박스에 넣습니다. 프린트 확인부터 보관까지 한꺼번에 할 수 있어 부담이 없습니다. 매일 해야 하는 일은 최대한 편하게 작업할 수 있는 시스템을 만드는 것이 중요합니다.

제1장

스트레스 제로
청소 요령

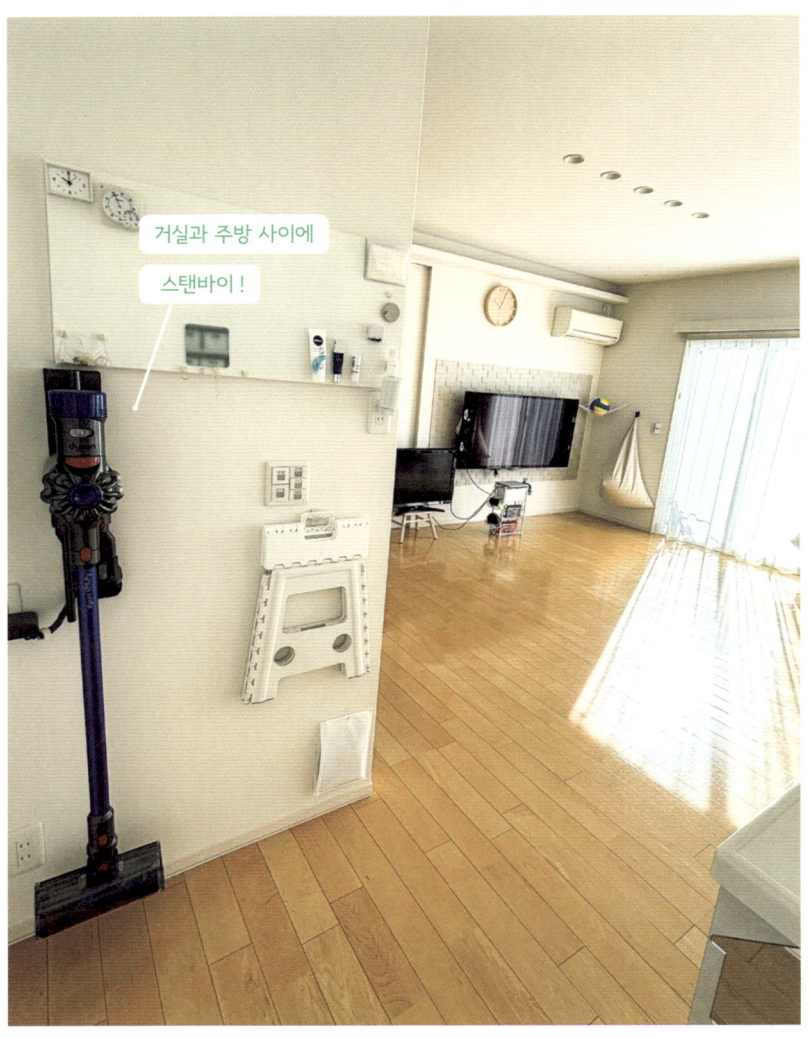

집에서 보내는 날은 반드시 '거실을 엄청 깨끗하게 치우고 지내는 것'이 우리집 스타일. 거실과 주방 사이의 사각지대에 청소기를 띄워서 보관. 여기에 두면 마음먹었을 때 바로 바닥 청소를 할 수 있는 시스템입니다.

후크는 내하중을 체크!

{ 빈백 소파를 매달아두면 청소 스트레스 제로 }

아침마다 청소기를 돌리는데 '귀찮다' 라는 생각은 거의 들지 않습니다. 바닥에 물건이 거의 없어서 치울 필요가 없기 때문이지요. 소파를 사용하지 않을 땐 걸어 두기만 하면 되니 스트레스에서 해방.

후크에 걸었어요!

DAILY LIFE

{ 쓰레기통 띄우기 }

쓰레기통도 바닥에 두지 않고 벽에 후크를 달고 균일가숍의 비닐 봉지를 매달아둡니다. 봉지를 한꺼번에 걸어놓고 맨 앞쪽 한 장만 펼쳐두면 바로 쓰레기를 버릴 수 있어요. 꽉찬 봉지는 당겨서 떼어버리면 됩니다.

텔레비전 먼지
보이면 바로 청소

여기에 숨겨서 보관

후크에 걸어놨어요

정리나 청소로 지쳐버리면 느긋하게 쉴 수 있을까요? 정리하고 청소하다 지쳐버리는 게 싫습니다. 바로 먼지를 털 수 있도록 <u>텔레비전 뒷면에 후크를 달고 먼지털이를 걸어둡니다.</u> 먼지가 거슬리면 얼른 꺼내 재빨리 청소를 끝낼 수 있어요.

물티슈는 앉아서
꺼낼 수 있는 위치에

투명 후크에

걸려있어요

재빨리 빼서

즉시 닦을 수 있어요!

식탁 의자에 앉은 채로 손을 뻗으면 한 손으로도 물티슈를 꺼낼 수 있습니다. 식사 후에 식탁도 금방 닦을 수 있고 식사 중 아이가 입을 닦고 싶어 할 때도 바로 쓸 수 있기 때문에 스트레스 제로.

바닥 청소는
로봇 청소기에게

바닥을 깨끗하게 닦아줘서 고마워!

문을 열면…

이 곳에서 대기 중!

매일 청소기를 돌리고 일주일에 한 번은 바닥 물걸레질을 했는데 바쁘거나 피곤할 때는 너무나 힘들었습니다. 그래서 평일에는 바닥 청소와 물걸레질을 한꺼번에 로봇에게 맡기기로 했어요. 직접 청소하는 것보다 더 깨끗하게 마무리됩니다.

잠 잘 때
빨래 실내 건조

잠자리 바로 옆에 말려요!

실내 건조와 가습을 동시에

　그동안 가습기를 썼지만 관리하기 쉬운 제품을 구입해도 역시 청소가 번거롭고 공간도 많이 차지합니다. 겨울에는 가습기 대신 밤에 빨래를 해서 실내에서 건조하여 수면 중 건조 대책으로 활용하고 있습니다.

크리스마스 트리는
걸어서 장식

식탁 쪽에서 잘 보이는 곳에

청소기를 편하게

돌릴 수 있어요.

바닥에 트리를 놓으면 청소할 때 치워가며 해야 합니다. 게다가 자리를 차지해 쉴 수 있는 공간이 줄어들지요. 그래서 벽걸이용 트리를 후크에 걸어 장식하고 있습니다. 걸어두면 역시 청소가 편해요.

현관 청소 도구는
신발장 문 뒷면에

신발장 문을 열면!

현관 신발장 문 안쪽에 수납 장소를 만들면 편리. 여기에 후크를 달고 먼지털이와 빗자루를 매달아둡니다. 도구를 바로 꺼내 선반의 먼지를 빠르게 털고 재빨리 현관 바닥을 쓸어줍니다. 매일 더러워지는 현관을 순식간에 청소할 수 있어요.

냉장고는 쉽게 움직일 수 있기 때문에 5분이면 밑면과 뒷면을 깨끗하게

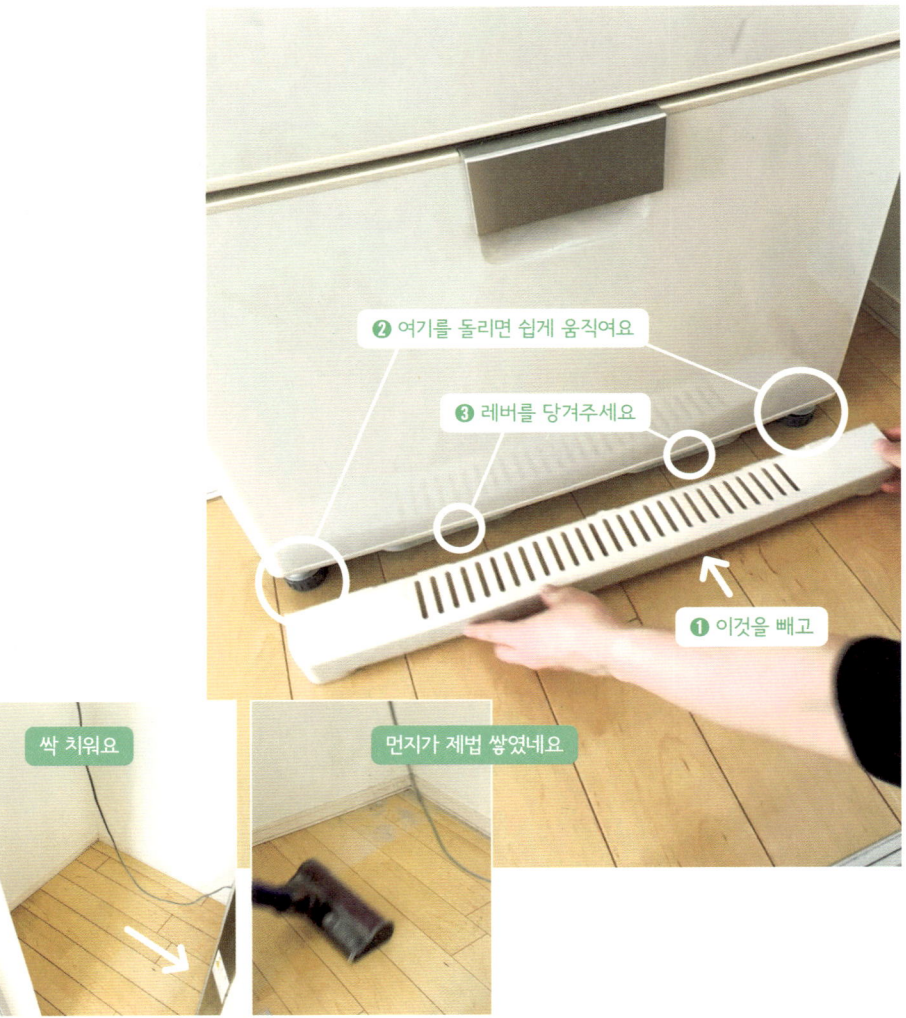

❷ 여기를 돌리면 쉽게 움직여요

❸ 레버를 당겨주세요

❶ 이것을 빼고

싹 치워요

먼지가 제법 쌓였네요

냉장고 하단의 덮개를 앞쪽으로 당겨 분리하고 양쪽 다리의 굴림대를 느슨하게 합니다. 아랫면에 있는 레버를 당겨 냉장고를 움직이면 뒷면과 바닥, 콘센트 코드에 묻은 먼지를 5분이면 닦아낼 수 있어요.

싱크대 주변 물건은
방치 청소로 반짝반짝

식기건조대 등

자잘한 물건들을 모두 싱크대에

50도의 뜨거운 물과

산소계표백제를 넣고

1~2시간 방치

뜨거운 물을 빼고

헹구면 반짝반짝

식기건조대 등을 싱크대에 전부 넣고 한꺼번에 청소합니다. 50도의 뜨거운 물에 산소계표백제를 8큰술 정도 넣은 다음, 싱크를 뜨거운 물로 채웁니다. 1~2시간 방치하면 저절로 새하얗게! 위생적으로 깔끔하게 관리할 수 있어요.

세면대 거름망은
스테인리스로

욕실 배수구망도

ZOOM!

스텐 소재 거름망은 쓰레기가 쌓이면 바로 눈에 띄기 때문에 발견 즉시 티슈로 닦아내면 됩니다. 그 덕분에 항상 청결 상태를 유지할 수 있어 대청소가 필요없습니다. 세면대 2곳 모두 이 거름망을 씁니다.

화장실 청소 도구는
바로 손에 잡을 수 있게

후크로 띄워놨어요

링형 후크에 걸어놨어요

스프레이는 여기에 !

변기솔은 여기 !

　　수납하는 높이와 장소를 고려해서 배치했기 때문에 세제 스프레이를 들고 브러시를 잡고 화장지로 청소하는 흐름이 매끄럽습니다. 바닥에 아무것도 두지 않아 위생적이며 청소도 편합니다.

걸레를 마개처럼 활용해서

물을 모아요

전용세제 없이
배수구 청소

수압으로 배수관을 단번에 깨끗하게 청소하는 방법을 소개합니다. 배수구에 걸레를 넣어 꽉 막고 싱크대에 뜨거운 물을 부은 후, 걸레를 빼고 물을 한꺼번에 흘려보내면 됩니다. 힘차게 내려가면 막힘이 없다는 증거입니다.

바로 쓸 수 있어요 !

이것을 사용 !

스펀지는 세면대
바로 옆에

세면대 거울 아래 공간을 활용. 다이소의 '띄우는 스펀지 홀더'를 부착하고 스폰지를 공중부양, 세면대 위에는 아무것도 올려놓지 않고 얼룩을 발견하면 스펀지로 가볍게 닦아냅니다.

이것을 사용!

{ 멜라민 스펀지
자리 만들기 }

작은 멜라민 스펀지를 애용하는데 한 번 쓰면 더 작아져서 둘 곳이 마땅치 않았습니다.

세리아의 '필름 후크 물빠짐 비누받침'은 거울에 붙일 수 있고 스펀지 모서리가 구멍에 들어가 물빠짐도 좋아요.

햇빛에 잘 말라요

넣어놓고 창문을
열 수 있어요

{ 청소용 수건
말릴 곳 만들기 }

화장실이 더러워지면 얼른 수건으로 닦은 다음, 빨아서 후크에 걸어두는데 건조가 잘 안될 때도 있어 뭔가 비위생적. 그래서 창틀에 압축봉을 설치하고 햇빛에 말립니다. 여기에 수건을 걸면 금방 마릅니다.

욕실에서 쓰는 것은
모두 벽에 건다!

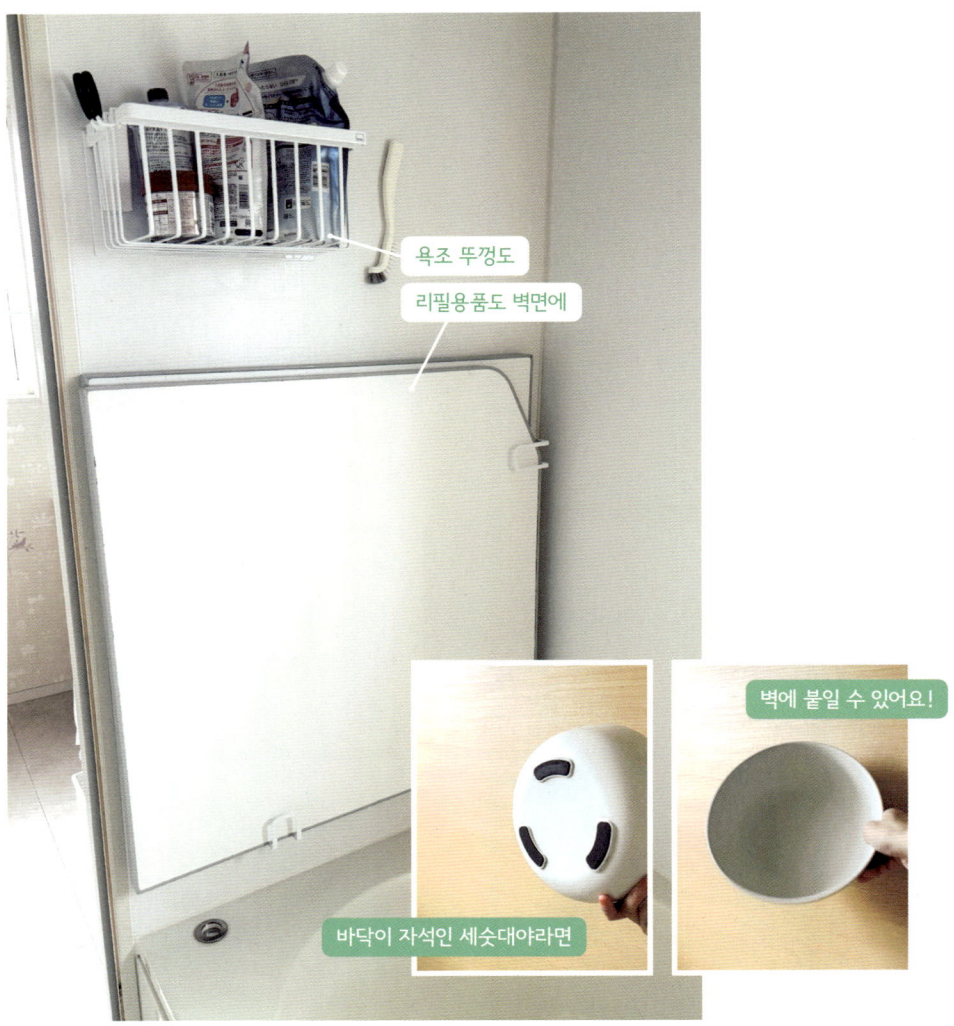

욕조 뚜껑도

리필용품도 벽면에

벽에 붙일 수 있어요!

바닥이 자석인 세숫대야라면

욕실 청소는 늘 골칫거리. 최대한 청소하기 쉽도록 무조건 거는 수납으로. 손을 뻗으면 자석으로 붙여둔 세숫대야와 자석랙 속의 리필용 제품을 바로 꺼낼 수 있습니다. 욕조 뚜껑도 띄워놓으면 청소하기 편해요

욕실 고무패킹
곰팡이는 표백제+전분

1 전분과 염소계 표백제

2 잘 섞어요!

3 발라줘요

4 깨끗!

전용세제가 많으면 물건갯수가 늘어나고 다 쓰지도 못합니다. 욕실 청소를 소홀히 하면 금방 검은 곰팡이가 생기지요. 그런 곰팡이는 걸쭉한 전분과 염소계 표백제를 섞어 발라 1시간 정도 두었다가 물로 씻으면 깨끗해집니다. 환기는 필수! 고무장갑을 끼고 청소하세요.

귀차니스트도 기분좋게 지낼 수 있다!
매일 청소 루틴

지금까지는 생각이 나면 청소를 했지만 최근 변화가 생겼습니다. 매일 청소를 많이 하거나 반드시 해야 할 일을 정하는 것은 부담이 된다, 하지만 매일 깨끗한 공간에서 편하게 지내고 싶다!! 다만 생각났을 때 하게 되면 '언제 청소했더라', '이제 좀 치워야 하는데'라고 의식하게 돼서 그것조차 귀찮다는 느낌이 들었어요.

그래서 이를 닦고 밥을 먹는 것처럼 간단한 아침 청소를 습관화하기로 했습니다. 공간이 깨끗해지고 기분 좋게 지낼 수 있을 만큼의 '최소한의 매일 아침 청소'를 하는 것이지요. '좋아 오늘도 힘내자'라고 시동을 거는 거예요.

기본적으로 휴일엔 청소는 쉽니다. 게으름뱅이인 저도 할 수 있더라고요. 단, 청소용품은 반드시 가까운 곳에 보관하는 것이 필수.

매일 하는 청소 리스트

☐ 창문을 전부 열고 환기한다.

☐ 현관 쓸기 (아이들을 배웅하거나 신문, 택배 등을 받는 김에)

☐ 텔레비전 위 먼지 털기

☐ 로봇청소기 스위치 켜기

☐ 간단한 화장실 청소 (화장실에 간 김에)

☐ 세면대 청소 (세수하는 김에)

☐ 큰아들이 매일 아침 욕실 청소를 합니다. (고마워!)

제 **2** 장

스트레스 제로 세탁 요령

빨래는 한 발짝도 움직이지 않고
휙휙 던져넣기

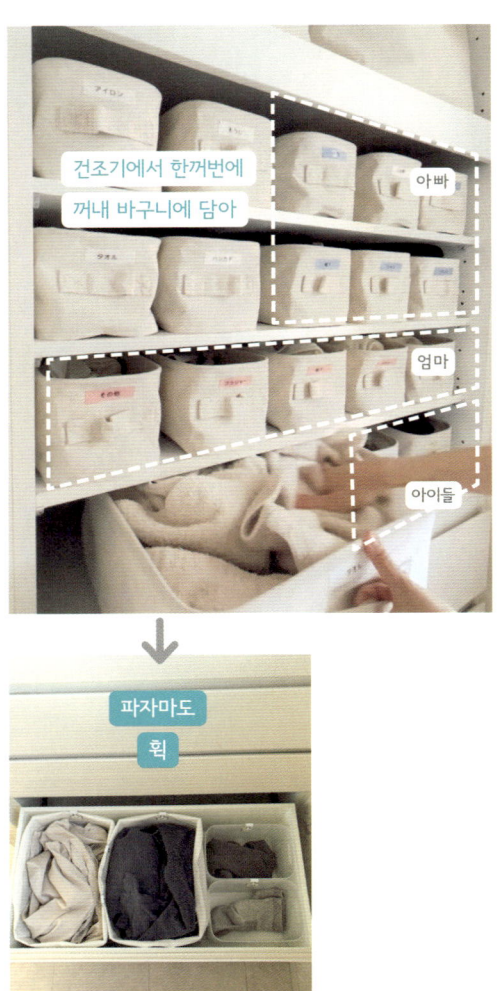

건조기에서 한꺼번에
꺼내 바구니에 담아

아빠

엄마

아이들

문을 떼어버리고 오픈
수납하면 정리가 쉬워져요!

파자마도
휙

건조기

서는 자리

빨래가 싫은 이유는 개는 것이 너무 귀찮아서입니다. 개지 않아도 되는 시스템을 만들어 아이템별로 수납함에 던져 넣으면 끝. 아이용은 맨 아래, 그 위는 엄마, 아빠. 키 높이에 따라 선반의 위치도 신경을 썼습니다. 마지막으로 거실로 갖다 둘 것을 휙 던져넣으면 5분 만에 빨래 정리 완료!

실내 건조대 옆 수납장에 선풍기 수납

제자리 발견

문을 닫으면 깔끔!

그대로 빨래를 말려요!

선풍기를 바닥에 두면 청소기를 돌릴 때 옮기기 번거롭습니다. 주로 서큘레이터 대신 쓰기 때문에 실내 건조대 근처의 수납장 안쪽에 두기로 결정. 문을 열어놓고 빨래를 말립니다. 평소엔 문을 닫아버리면 깔끔.

잠옷은 한 사이즈
크게 사서 건조기에

1

잠옷 너는 것은 귀찮으니까

2

한사이즈 크게 사서 건조기에

넣어버려요 !

3

Before

4

After

-4㎝

-5㎝

-3.5㎝

약간 줄어들어

입기 딱 좋아요

가족 모두의 잠옷을 옷걸이에 걸어 말리는 건 너무 귀찮은 일입니다. 가능하다면 건조기
에 넣어 말리고 싶었어요. 그래서 줄어들어도 상관없도록 아이들의 잠옷은 항상 한 사이즈
큰 것을 삽니다. 생각했던 대로 딱 입기 좋은 크기가 되었습니다.

침대 패드는 주 1회
월요일에 세탁

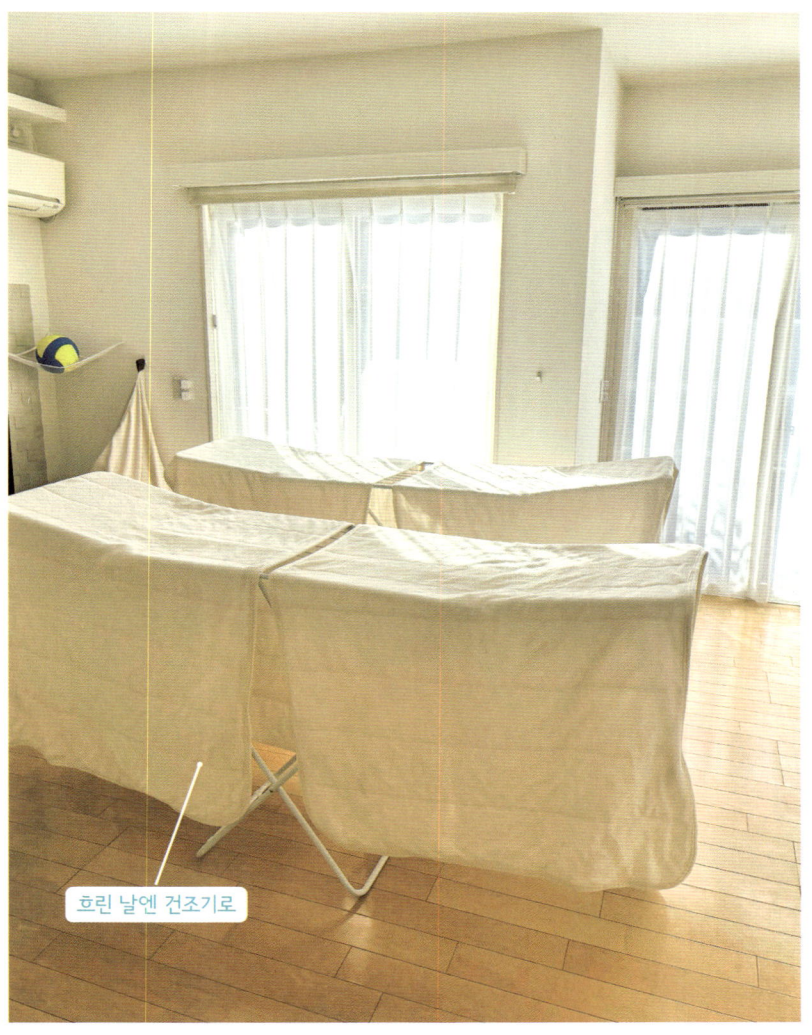

흐린 날엔 건조기로

침대 패드 세탁하는 것을 가끔 잊고 '언제 빨았더라?'하고 기억을 더듬는 시간이 낭비 같아서 월요일에 빨기로 마음먹었어요. 가끔 부담될 때도 있지만 이렇게 결정하니 오히려 편하고 청결하게 지낼 수 있는 것 같습니다.

여름에는 토퍼를
통째로 빤다

1 매트리스를 분해해요

2 샤워기로 물세탁

3 그늘에서 말린 후

4 세팅하면 완성

아이들이 쓰는 토퍼는 통째로 세탁할 수 있어서 아이가 한밤중에 코피를 흘려 더러워져도 괜찮습니다. 안에 먼지와 머리카락이 들어있어서 두드려서 먼지를 털고 세탁하는 것이 포인트. 날씨가 좋은 여름에는 금방 마릅니다.

세탁 진입장벽 제로의
커튼 세탁법

① 커튼 핀을 빼지 않고
둘둘 말아요

② 세탁망에
넣어요

③ 젖은 상태로 다시
걸면 완료 !

커튼을 떼어낸 다음, 커튼 핀이 빠지지 않도록 안쪽으로 감싸듯 접어줍니다. 세탁 망에 담아 향이 좋은 섬유유연제를 넣고 세탁기에 돌립니다. 세탁이 끝나면 바로 커튼 레일에 걸어주는데 마르면서 퍼지는 향기로 릴랙스 효과까지 누릴 수 있어요.

수건은 개지 않고
그냥 던져넣는다

수건은 예쁘게 개서 넣어도 바로 펼쳐서 씁니다. 갤 필요가 아예 없을지도 모른다는 생각이 들었어요. 그래서 다른 세탁물과 마찬가지로 수납함에 휙 던져넣는 수납으로 바꿨더니 깔끔함을 해치지 않으면서 정리도 간편!

한 짝씩 그대로 넣어요

다 똑같으니까!

양말은 모양과 색깔이 모두 같은 것을 삽니다. 한 켤레씩 맞춰 접을 필요가 없고 신을 때 두 개를 꺼내서 신으면 되니까 효율이 올라갑니다. 사소한 일이지만 집안일이 하나 줄어드는 것만으로도 편해집니다.

빨래집게를
바꾸면 훨씬 편하다

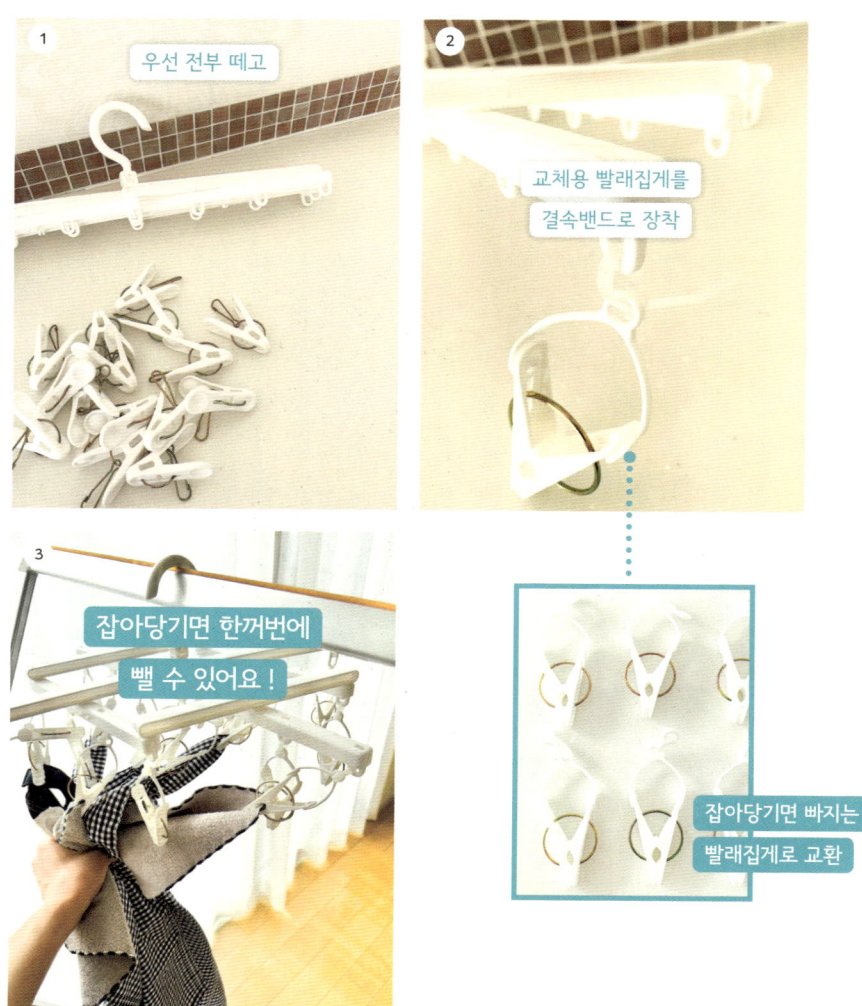

1 우선 전부 떼고

2 교체용 빨래집게를 결속밴드로 장착

3 잡아당기면 한꺼번에 뺄 수 있어요!

잡아당기면 빠지는 빨래집게로 교환

마른 빨래를 빨래집게에서 하나씩 떼어내려면 꽤 번거롭습니다. 가능하면 빨래를 당겨서 한꺼번에 빼내고 싶었어요. 마음에 드는 집게 건조대가 없어서 집게만 교체했습니다. 한꺼 번에 빠지니까 역시 시간이 단축되고 편해요.

건조기만 있으면
여분 운동화는 필요 없다

현관 세면대 아래에

보관해요

저희 아이들은 비 오는 날에도 운동화를 신기 때문에 여분의 운동화를 한 켤레씩 가지고 있었습니다. 비가 오지 않으면 그 운동화는 새것인 상태로 작아져 못 신게 되니 아깝다는 생각이 들었어요. 신발 건조기를 사용하면 금방 말라서 낭비 없이 효율적입니다.

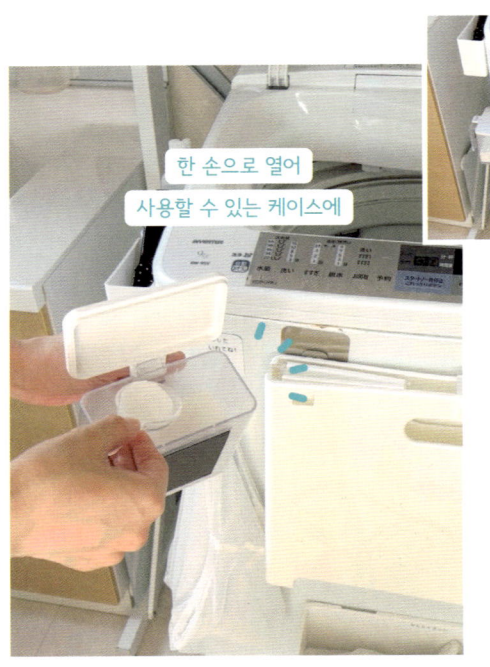

한 손으로 열어
사용할 수 있는 케이스에

세탁기와 세면대 사이에

자주 쓰는
분말 표백제는
세탁기 옆면에

공간이 좁지만, 매일 쓰는 것은 바로 쓸 수 있게 꺼내두고 싶습니다. 그럴 땐 옆면이나 앞면을 최대한 활용하는 것을 추천합니다. 분말 산소계표백제는 자석과 손잡이가 부착되어 있어 한 손으로 뚜껑을 여닫을 수 있는 케이스에 넣어둡니다.

ZOOM!

착 접을 수 있는
작은 건조대 설치

셔츠 하나가 좀 덜 말랐을 때 거실에 잠깐 널 수 있는 건조대를 찾았습니다. 구멍을 뚫지 않고 설치할 수 있고 제법 탄탄하며 심플한 컬러를 선택. 접거나 높낮이를 조절할 수 있습니다. 문에 하나 있으면 편리해요.

압축봉으로

햇볕이 잘 드는 데드 스페이스 건조장으로 활용

우리 집은 현관 세면대 쪽이 햇볕이 잘 드는 편이라 위쪽 데드 스페이스에 압축봉을 설치하여 건조대로 쓰고 있어요. 손을 씻을 때도 쳐다보지 않으면 보이지 않기 때문에 소품으로 다소 뒤죽박죽이 되어도 거슬리지 않습니다.

이렇게 달았어요

살짝 말릴 때 딱!

젖은 수건 말릴 때 상인방 후크 활용

목욕 후 사용한 젖은 수건은 욕실 문 위에 설치한 상인방 후크에 걸어 말립니다. 다 마르면 바로 옆에 있는 세탁기에 휙 넣어서 세탁하면 됩니다. 좁은 화장실이지만 수건에서 냄새가 나지 않도록 신경을 쓰고 있습니다.

가장 하기 싫은 집안일

빨래 개기를 최대한 줄였습니다

집안일 중, 가장 하기 싫은 것이 빨래였어요. 하지만 싫어도 매일 꼭 해야 하는 집안일. 어차피 할 거면 '하기 싫다'라는 감정을 제로로 줄여 즐겁게 할 수 있는 가장 좋아하는 집안일로 만들자! 그러기 위해 가장 싫은 '개는 시간을 극도로 줄이는 것'이 큰 효과가 있었어요.

예를 들어 옷은 전부 옷걸이에 걸어서 널고 마르면 그대로 옷장에 넣었어요. 양말도 모두 같은 종류와 색깔로 사면 아무 생각 없이 수납함에 휙휙 던져넣으면 되지요. 빨래가 마르면 가급적 손댈 필요 없이 그대로 제자리에 넣게 되니 귀찮다는 마음이 거의 사라졌어요. 이젠 싫어했던 빨래가 좋아하는 집안일 중 하나가 된 것에 스스로 놀랄 정도입니다.

개지 않는 아이템

☐ 수건	☐ 하의
☐ 속옷(러닝, 팬티)	☐ 스타킹
☐ 잠옷	☐ 양말
☐ 상의	☐ 운동복

제3장

스트레스 제로 요리 요령

소량의 식재료는
주방 가위로 자른다

약간의 양념을 자를 때

된장국 1인분을 만들 때

칼질하려면 도마까지 세트로 써야 해서 설거지가 잔뜩.
주방 가위로 간단하게 해결되니 양념이나 된장국 1인분을 만들 때 쓰고 있습니다.
꼭 제대로 된 요리법이 아니라도 자신에게 맞는 편한 방법이 좋습니다.

{ 된장국은 저녁에 넉넉하게 만들어 아침엔 데우기만 }

다음날 아침용은 보관 용기에

데우기만 하면 되니 시간 단축

저녁 식사를 준비할 때 된장국을 넉넉하게 끓여 둡니다. 다음날 아침 식사 준비가 편해지거든요. 다음 날 아침에 먹을 국은 보관 용기에 담았다가 식으면 뚜껑을 덮어 냉장 보관. 손잡이가 달린 법랑 소재라 뚜껑을 열고 그대로 불에 올려놓을 수 있어 편리해요.

투명 후크를 사용했어요

가스레인지 앞에 매달아둬요

{ 조리 도구는 1초면 꺼낼 수 있다 }

　요리하다가 서랍을 열고 국자를 꺼내는 5초가 귀찮아서 화구에서 쓰는 조리 도구는 바로 앞에 매달았습니다. 그랬더니 딱 1초면 바로 쓸 수 있습니다. 피곤이 몰려오는 저녁, 나를 위한 친절한 수납입니다.

재빨리 꺼낼 수 있어요 !

조리대 오른쪽 밑에 대기 중

{ 매일 쓰는 조리 도구 오른손만 움직여 꺼내기 }

　매일 주방 조리대에서 사용하는 필러와 계량 스푼. 여기에 서서 오른손을 조금만 움직이면 꺼낼 수 있는 위치에 후크로 매달아 두었습니다. 요리를 최소한의 시간으로 하기 위한 아이디어로 제자리에 둘 때도 후크에 걸기만 하면 되니 편합니다.

국자는
15ml 와 50ml

조리 스푼은
5ml 와 15ml

국자와 조리 스푼 모두 니토리 데코 홈에서 구입. 안쪽에 각각 눈금선이 그려져 있어 조미료 등을 계량할 때 편합니다. 실리콘 재질이라 가볍고 내구성이 좋아 쓰기 편하고, 단순한 색상도 마음에 듭니다.

최소한의 이동으로 밥 짓기

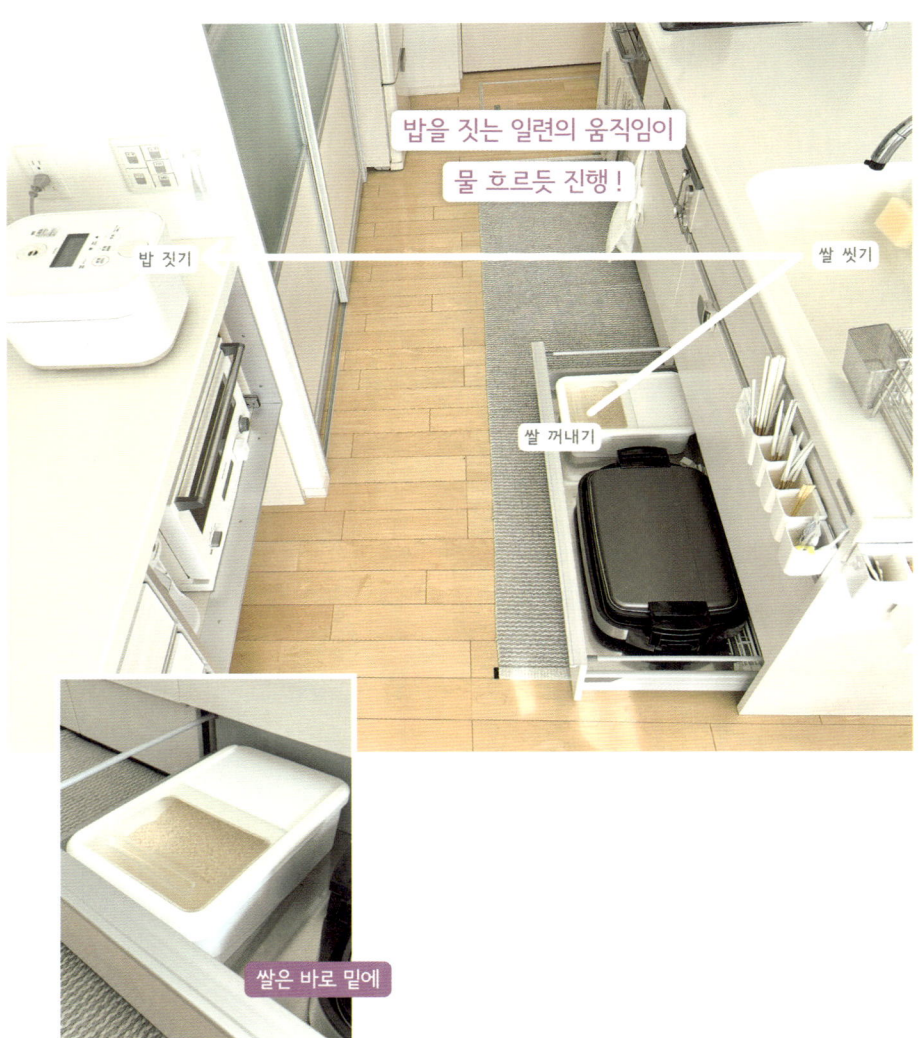

밥을 짓는 일련의 움직임이
물 흐르듯 진행!

밥 짓기

쌀 씻기

쌀 꺼내기

쌀은 바로 밑에

밥을 지을 때 자꾸 왔다갔다하는 것도 시간낭비. '밥솥에서 내솥을 꺼낸다' ⇨ '쌀을 꺼낸다' ⇨ '싱크대에서 쌀을 씻는다' ⇨ '밥을 짓는다'를 최소한의 동작으로 할 수 있도록 수납 시스템을 만들었습니다. 왔다갔다 하지 않고 밥을 하면 정말 편해요.

면도기 걸이를 이용했어요

밥솥 옆 벽에 걸어요

{ 주걱을 걸어두면
1초면 쓸 수 있다 }

마나의 밥주걱은 물에 담가두지 않아도 밥알이 잘 붙지 않기 때문에 1초 안에 쓸 수 있도록 밥솥 옆에 띄워서 수납. 투명이라서 주걱만 꺼내놔도 거슬리지 않고 자립형이므로 식사 중에는 세워둡니다.

치우기 전에
가볍게 닦아줘요

여기에 넣어요

{ 밥솥을 쓰지 않을 때는
안에 넣어 깔끔하게 }

여유롭게 쉬고 싶은 휴일이나 손님이 올 때는 공간이 깔끔해 보이도록 밥솥을 서랍에 넣어둡니다. 밥솥은 의외로 먼지가 잘 쌓여 보이지 않는 뒤쪽이 더러운 경우가 많습니다. 가끔씩 치우면 그때마다 닦게 되니 청결하게 관리할 수 있어요.

뚜껑에 조미료 이름을
라벨링

라벨스티커는 한꺼번에 만들어 두면

새것으로 교체할 때
바로 스티커를 붙일 수 있어요

조미료를 옮겨 담지 않는 것은 번거롭기도 하지만 겉모습보다 일상의 편안함이 우선이기 때문입니다. 위에서 볼 때 어떤 조미료인지 알 수 있도록 뚜껑에 라벨링을 합니다. 스티커는 한꺼번에 만들어 수납함 옆에 보관.

삼각 수납으로
쉽게 차 끓이기

서는 위치

필요한 것을 가까이에
삼각으로 수납

컵

물을 끓여서

전기주전자

녹차 등

コーヒー

おかし
その他

紅茶

イフ
葛根湯

お茶

ハチミツ

바로 마실 수 있어요!

차를 마시는 시간은 파워 충전할 수 있는 소중한 혼자만의 시간. 필요한 용품이 멀리 있으면 번거로워서 차와 컵, 전기주전자를 삼각으로 수납하는 것이 포인트. 물을 끓이고 차를 우릴 때까지 한 발자국도 움직이지 않고 진행할 수 있어요.

{ 1석 3조로 활용하는 캡오프너 }

전자레인지 옆에 대기

❶ 캡오프너로 사용

❷ 주방장갑 대신

❸ 냄비받침 대신

　전자레인지에 돌린 후 뜨거워진 접시를 옮길 때 이케아의 캡오프너를 사용합니다. 주방 장갑은 손에 끼고 벗는 것이 번거로운데 이 제품은 손바닥 크기라 잡기 편하고 실리콘 재질 이라 미끄럼 방지도 확실. 냄비 받침 대신으로도 쓸 수 있습니다.

후크에 걸어둬요

{ 토스터 옆에 집게 수납 }

토스터에서 구운 빵을 꺼낼 때 뜨거워서 잡기 힘든 것이 작은 스트레스였습니다. 그래서 토스터 바로 옆에 균일가숍의 투명 후크를 달고 집게를 걸어두니 스트레스 없이 쓸 수 있게 되었어요.

뜨거운 것도 집게로 꺼낼 수 있어요!

예비용은 2단으로 수납

맘에 쏙 들어요

{ 프라이팬은 마음에 드는 것 반복 구매 }

프라이팬은 항상 이케아의 제품을 쓰는 데 벌써 3번 정도 교체했습니다. 사용하기 편하고 가성비가 좋으며 색깔도 마음에 쏙 듭니다. 마음에 드는 것으로 심사숙고해서 고르면 요리가 더 즐거워집니다.

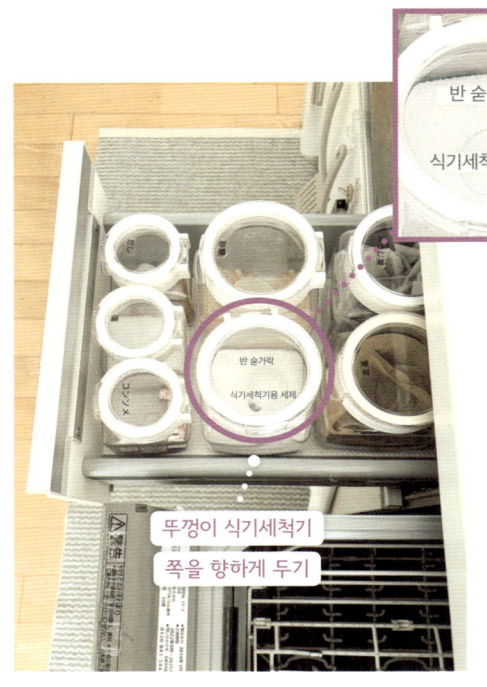

반 숟가락

식기세척기용 세제

ZOOM!

뚜껑이 식기세척기
쪽을 향하게 두기

반 숟가락

식기세척기용 세제

{ 식기세척기 세제 케이스
사용량 라벨링 }

식기세척기 세제는 대부분 제가 쓰기 때문에 혼자서만 사용량을 파악하고 있었는데 가끔 남편이 "얼마나 넣어야 돼?"라고 묻는 것이 작은 스트레스. 그래서 '반 숟가락'이라고 사용량을 라벨링했습니다. 아이들에게 부탁해도 척척!

여기에 둡니다

{ 도시락 용품
모아서 수납 }

도시락통 외에 도시락 컵, 주먹밥 포장지, 돗자리 등은 1년에 몇 번 사용하지 않기 때문에 한꺼번에 상자에 담아 주방 위쪽에 보관합니다. 학년이 올라가면서 도시락을 싸는 빈도가 늘어나면 수납법을 재검토하려고 합니다.

한 걸음도 움직이지 않고 주먹밥 만들기

손이 닿는 곳에

랩과 후리카케 (맛가루)

랩

후리카케

여기에 서서

오른손으로

랩을 잡고

왼손으로

후리카케를 들고

주먹밥 완성!

자주 만드는 주먹밥은 한 걸음도 움직이지 않고 만들 수 있는 시스템으로 스트레스 제로! 밥솥 앞에 서서 ①오른손으로 랩을 잡는다 ②왼손을 후리카케를 꺼낸다. 옆에 걸어둔 밥주걱으로 밥을 푸는 것까지 부드럽게 진행됩니다.

자주 쓰는 것은
후드 근처에 띄워서 수납

가스레인지 위에

탈취제

키친타월은 자석이
부착된 케이스에 담아서

위생비닐

키친타월

위생 봉투와 탈취제는
두꺼운 마스킹테이프로
자석을 붙여서

한 걸음도 움직이지
않고 꺼내요

주방 후드는 자석이 붙는 경우가 많아 매일 쓰는 키친타월, 위생비닐, 랩을 띄워서 수납하기 좋습니다. 제자리에 선 채로 사용할 수 있고 청소도 간편. 사각지대에 수납하면 복잡해 보이지 않고 조리 중 동선도 원활합니다.

건전지는 가스레인지
근처에 보관

건전지는 여기에 수납

충전식 배터리를 사용해요

방전된 건전지는
가스레인지 근처에서 충전

　예고 없이 찾아오는 가스레인지 전원의 배터리 방전. '교체해야지'라고 생각하는 번거로움과 시간 낭비를 줄이기 위해 충전된 배터리를 가스레인지 근처의 서랍에 둡니다. 배터리가 방전돼도 당황하지 않습니다.

쓸 때도 정리할 때도 간편한 수저 수납

식기 건조대 아래에 대기

앉은 채로 재빨리 꺼낼 수 있어요

통째로 빼서 식탁 위에
올려둘 수 있어요

밥을 다 차렸을 때 수저를 가지러 가는 것이 귀찮아서 식탁 의자에 앉은 채로 꺼낼 수 있는 위치에 수납 장소를 만들었습니다. 설거지한 수저도 그 자리에서 움직이지 않고 정리할 수 있어요.

여기에 보관해요

손잡이가 달린 바구니에
한꺼번에 담아서 보관

{ 베이킹용품은
상부장 보관 }

케이크 틀 같은 베이킹용품은 니토리의 '상부장 정리함'에 한꺼번에 보관합니다. 가끔씩만 쓰니까 냉장고 위에 있는 상부장에 수납. 손잡이가 있어 발디딤대에 올라가면 무리없이 꺼낼 수 있어요.

후크에 걸었어요

{ 비닐봉지 100장을
쓰레기통으로 사용 }

주방에서 나오는 쓰레기는 비닐봉지에 버립니다. 보기에는 별로지만 쓰레기통을 청소하는 귀찮은 일이 없으므로 이 방법을 고수하고 있어요. 100장짜리 비닐봉지를 그대로 후크에 걸고 가장 앞쪽에 있는 봉투에 쓰레기를 넣습니다.

케이스에 담고 라벨링

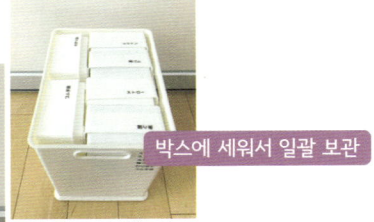

박스에 세워서 일괄 보관

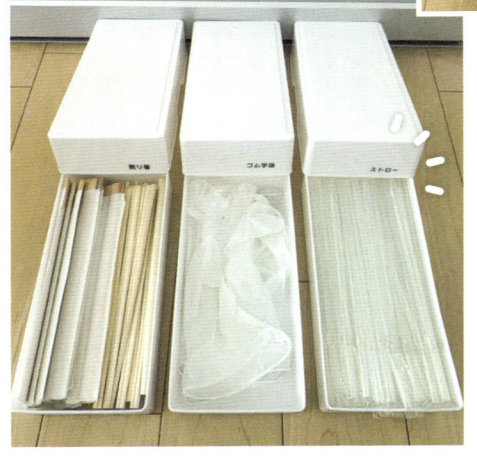

{ **주방용품은
케이스 + 박스 수납** }

주방 수납은 니토리의 'N인박스'로 통일했습니다. 고무장갑과 빨대, 나무젓가락 등 자질구레한 용품은 종류별로 '점토케이스'에 담아 라벨링. 박스 안에 세워서 보관하면 꺼내기 쉬워요.

{ **보관용기는
유리 제품으로** }

유리 제품은 전자레인지에 데워 그대로 식탁에 올려도 식기처럼 거부감없이 사용할 수 있습니다. 식기세척기에도 넣을 수 있어 편합니다. 냉장고 안에 쌓아놓아도 내용물 파악이 쉬운 것도 장점.

내용물이 보여서 파악하기 쉬워요

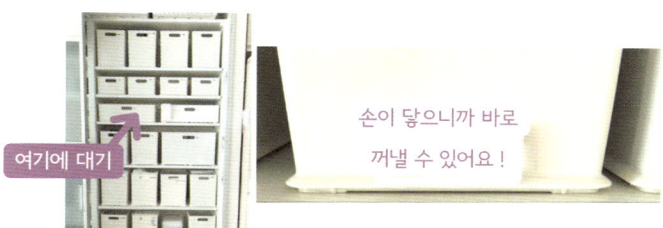

여기에 대기

손이 닿으니까 바로
꺼낼 수 있어요!

{ 종이접시와 BBQ용품은 식기장 안에 }

아이 친구가 놀러 왔을 때나 마당에서 고기를 구워 먹을 때 사용하는 일회용 용기. 종이컵, 종이접시, 나무젓가락 등을 한 상자에 모아 수납해 두었기 때문에 필요할 때 쉽게 꺼낼 수 있습니다.

여기에 있어요

{ 일회용품 여분은 식기장 위에 }

종이접시나 바비큐 용품의 비축분은 손이 닿는 곳에 두지 않아도 되니까 대충 한데 모아 식기장 위에 수납. 바로 꺼내서 쓰기 편하고 갑작스럽게 손님이 와도 당황하지 않게 근처에 보관합니다. 여기에 없으면 사서 보충합니다.

솔직히 귀찮다! 그러니까

요리는 최단 시간에 끝낸다

매일 하는 밥하기. 솔직히 너무 귀찮은 시간. 가족을 위해 최대한 영양균형을 고려하여 정성껏 챙기고 싶은 마음과 편하게 대충해 버리고 싶은 마음이 동시에 들지요. 영양가 있는 식재료는 뭘까? 새로운 메뉴에 도전해 볼까? 아이들이 좋아할까? 이런 것들을 위해 시간을 쓰고 싶었기 때문에 요리 시간과 정리 시간은 최대한 짧고 효율적으로 끝내고 싶었어요.

그래서 조리대에 서서 오른손만 움직이면 필러를 꺼낼 수 있게, 식기 세척기 앞에 선 채로 그릇 정리를 완료할 수 있게 하는 등 주방 시스템을 편리하게 만들었습니다.

사용 빈도가 높은 주방 아이템부터 하나씩 동선상에서 가장 편하게 쓸 수 있는 위치를 고민한 결과입니다. 귀찮더라도 일단 제자리를 정해두면 시간 단축이 가능해집니다.

움직이지 않고 꺼낼 수 있게 신경 쓴 것

- 조리대에 선 채로 왼손을 올리면 랩을 꺼낼 수 있다
  (바로 오른손을 사용하여 최단시간에 사용할 수 있다)
- 조리대에 선 채 뒤로 돌면 식기를 꺼낼 수 있다
- 조리대에 선 채로 오른손을 움직이면 필러와 계량스푼을 꺼낼 수 있다
- 가스레인지 앞에 선 채로 냄비와 프라이팬, 조리도구를 꺼낼 수 있다
- 식기세척기 바로 옆 서랍에 식기세척기 세제를 수납해 시간을 단축한다

제 **4** 장

스트레스 제로
정리 요령

넓찍하고 청소가 간편

수납 가구는 가급적 늘리지 않는다

수납 가구가 많으면 방이 좁아지고 스스로 청소할 곳을 늘리는 꼴이 됩니다. 만약 안 쓰게 되면 버리기도 번거롭지요. 무엇보다 깔끔한 공간을 좋아합니다. 그래서 거실과 다이닝룸에는 수납을 최소화하고 식탁과 의자만 놓아 두었습니다.

테이블은 주방 옆에

접을 수 있는 가구는 걸어두면 깔끔

우리 집에서 쓰는 접이식 가구는 테이블과 발디딤대. 모두 자주 쓰는 곳 근처의 벽에 후크를 설치해서 걸어둡니다.

발 디딤대는 벽에

이렇게 띄웠어요

{ 인형은 해먹을 이용해 거실에 띄워둔다 }

장난감을 수납할 수 있는 '욕실 정리해 먹' 활용. 해먹의 양 끝을 후크에 걸고 고무 줄로 묶어 고정했습니다. 공이나 실내복, 다음날 입을 옷을 놓아도 좋아요. 눈높이에 맞춰 띄워두면 꺼내기 쉽고 바닥 청소도 편해요

여기에 수납 공간을
만들었어요

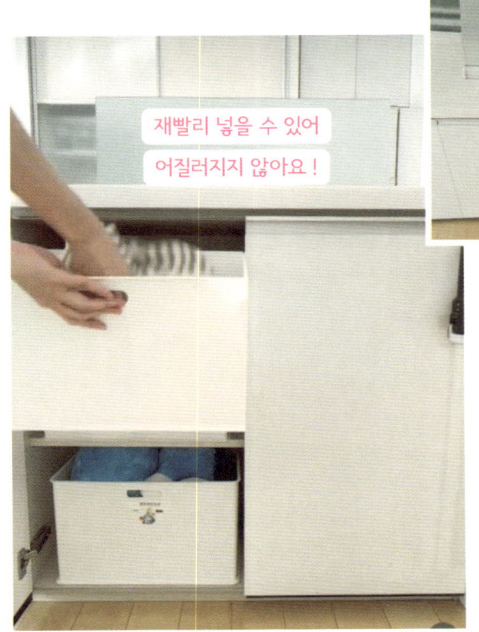

재빨리 넣을 수 있어
어질러지지 않아요!

{ 어질러지는 곳 근처에 수납 }

주방 카운터 위에 벗은 옷을 올려놓는 버릇 때문에 카운터 아래쪽 수납 공간을 재검토했어요.

아이들 장난감이 들어있었지만 갖고 놀지 않는 것도 있어 다른 곳으로 옮기고 박스를 설치. 무리없이 정리할 수 있습니다.

운동용품이나 읽던 책 등

남편을 위한
전용박스 설치

자꾸 나와 있는 남편의 운동용품과 책을 담을 전용박스를 마련했습니다. 계속 꺼내 놓지 않도록 사용하는 장소 근처 거실 한쪽에 제자리를 만들었어요. 제자리가 바로 옆이면 자연스럽게 정리할 수 있어요.

잊고 나가기 쉬운 물병이나
요가복을 세트로

요가용품
세트 수납

요가하러 갈 때 물병을 자꾸 잊어버리기 때문에 요가복과 함께 수납할 수 있는 박스를 거실에 두었어요. 필요한 것을 한데 모아두면 당황하지 않고 편안하게 외출할 수 있습니다.

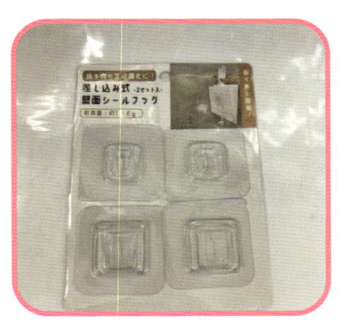

{ 이곳저곳에서 필요한 티슈는 띄워서 보관 }

세리아의 티슈케이스는 가벼워서 무리 없이 띄우는 수납이 가능하고 심플하지만 싸구려로 보이지 않습니다. 같은 세리아의 슬라이드 형태 다용도 후크에 걸어두면 분리해서 다른 장소에서 사용할 수 있고 티슈 교체도 간편합니다.

여기에 수납 공간을 만들었어요

놀러갈 때 게임기를
담을 가방도 여기에

{ 게임기 수납은 빨리 꺼낼 수 있는 거실에 }

거실에서 하는 게임 외에도 아이가 친구 집에 게임기를 가져갈 때 사용하는 가방도 함께 수납. 큰 상자를 사용했지만, 내용물을 다시 보니 안 쓰는 것도 섞여 있어서 꺼내기 편한 얕은 박스로 바꿨어요.

바로 쓸 수 있어요!

콘센트 근처에

{ 연장 코드는 자주 쓰는 곳에 후크로 걸어둔다 }

거실에서 자주 쓰는 둥근 연장 코드. 자주 쓰기 때문에 서랍 등에 넣어두면 꺼내는 시간이 낭비. 니토리의 후크는 크고 투명해서 눈에 띄지 않고 붙였다 떼어낼 수 있는 것이 마음에 들어요. 항상 콘센트 옆에 걸어둡니다.

벨크로테이프로 띄워둡니다

{ 리모컨은 떼지 않아도 켜고 끌 수 있다 }

주방 옆에 리모컨을 탈부착할 수 있게 벨크로 테이프로 붙여두었습니다. 여기 두면 떼지 않아도 리모컨을 조작할 수 있을 뿐만 아니라 사라진 리모컨을 찾아다니는 귀찮은 일에서도 해방!

스티커로 표시

{ 식탁 밑에 수납 공간을 만든다 }

아이의 숙제를 넣거나 제가 읽던 책을 넣을 수 있습니다. 네트망과 강력 흡착 시트 후크 스윙타입을 이용해서 식탁 밑에 수납 공간을 만들었어요. '밥 먹자'라는 말을 하면 바로 정리할 수 있어 스트레스 제로.

후크에 네트망을 걸고
투명끈으로 고정

이렇게 띄워둡니다

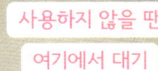

사용하지 않을 땐
여기에서 대기

{ 메모지와 펜을 띄워두면 책상 위는 언제나 깔끔 }

잘 잊어버리기 때문에 해야 할 일을 종이에 적어놓습니다. 생각날 때 바로 메모할 수 있도록 마스킹테이프로 펜과 메모지에 자석을 붙인 다음, 책상 바로 오른쪽(오른손잡이라서) 옆에 붙여두었습니다. 즉시쓸 수 있어 편리하고 책상도 항상 깔끔하게 유지됩니다.

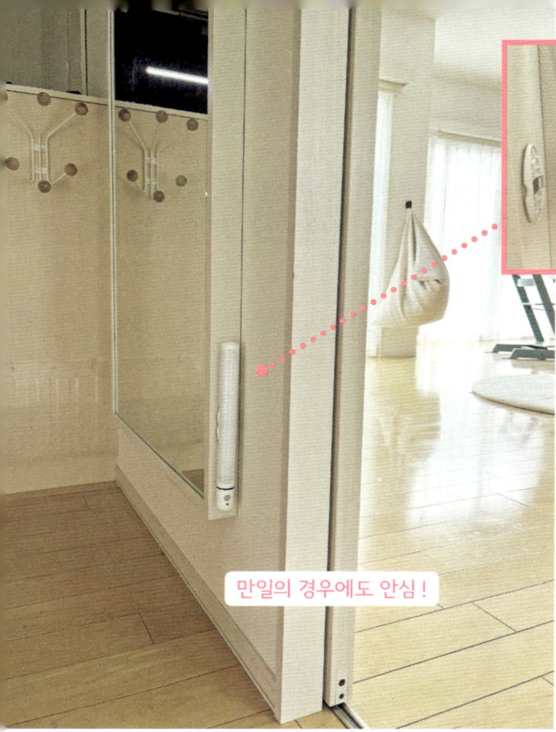
만일의 경우에도 안심 !

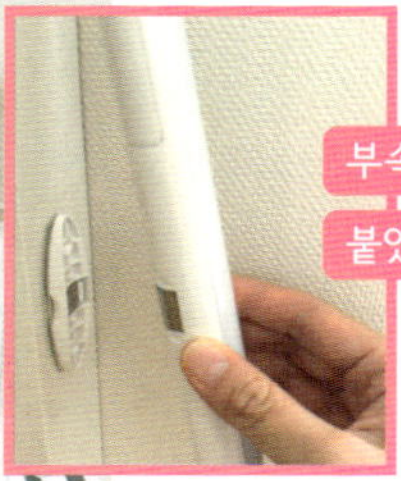
부속품인 자석으로
붙였어요

비상조명등은 현관 근처에 띄워서 수납

정전이 되었을 때 필요한 손전등은 두 개 준비. 하나는 자주 드나드는 현관과 거실 사이에 있는 거울 옆에 두었습니다. LED로 밝고, 쉽게 분리되기에 외부로 가지고 나갈 수 있습니다.

가방에 담아 한꺼번에 보관

띄워져 있으니까
바닥 청소도 편해요

헤어용품은 거실에 걸어놓는다

거실에서 머리를 말리기 때문에 토트백에 드라이어, 트리트먼트, 빗을 세트로 담아 걸어서 수납. 토트백은 통째로 빨 수 있는 것을 추천합니다. 떨어진 머리카락을 바로 청소할 수 있도록 근처에 청소기도 배치했어요.

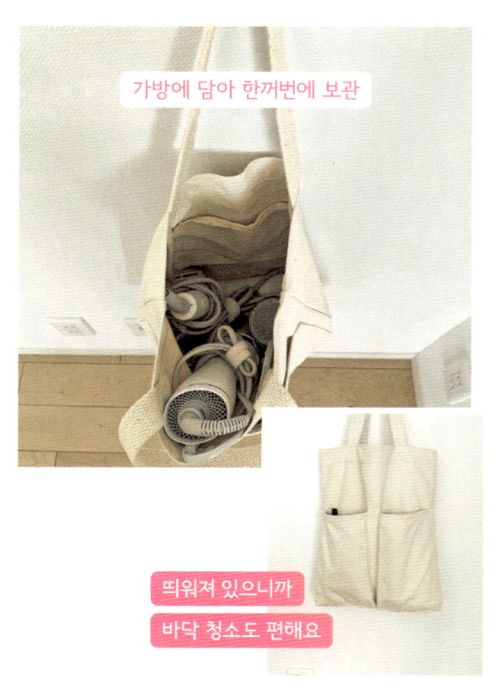

뒤죽박죽 게임기는
조인트 선반으로 해결

1 조인트 선반을 조립하고

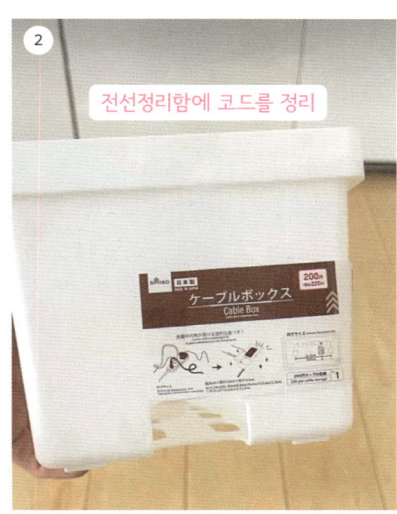

2 전선정리함에 코드를 정리

3 컨트롤러까지
걸어주면 완성!

거실이 깔끔

게임 본체와 아이패드, 코드 수납은 다이소의 조인트 선반을 씁니다. 4단이 되도록 조립하면 전선정리함까지 수납할 수 있어요. 청소기를 쓱쓱 돌릴 수 있고 충전하면서 수납할 수 있어 보기에도 깔끔.

롤러가 있어
당기면 빠져요

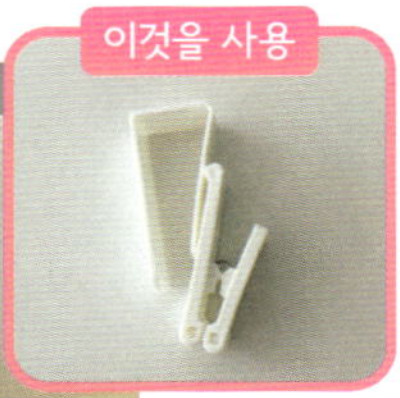

아침 시간엔 잡아당기면 빠지는 클립이 편리

겨울철엔 아이들이 넥워머와 장갑을 사용하기 때문에 롤러가 달린 클립을 사용. 책가방 수납장 문 앞에 부착했습니다. 넥워머 안에 장갑을 넣어두면 한번에 2개를 꺼낼 수 있어 시간 단축.

거실 문에 후크로 잠깐 걸 수 있는 공간을 만든다

균일가숍의 재점착 가능한 후크. 손잡이는 투명한 원형고리라 눈에 잘 띄지 않습니다. 거실 문에 가방이나 다음날 입을 옷 등을 잠깐 걸면 편리할 것 같아서 재점착이 가능한 시트 테이프 위에 붙였습니다.

다음 날 아침 입을 옷이나 가방 등

앉은 채 꺼낼 수 있는 수납으로
즐기는 혼자만의 시간

앉아서 꺼낼 수 있어요

아로마 세트를 꺼내고

핸드크림이나
손톱영양제를 바르면서

천천히 책을 읽어요

　느긋하게 마음 가는 대로 보낼 수 있는 혼자만의 저녁 시간은 대단한 일을 하는 것은 아니지만 너무나 소중한 시간입니다. 아로마 캔들을 켜고 핸드크림을 바르고 책을 읽는다. 이 세 가지를 모두 앉은 채로 할 수 있도록 수납합니다.

서류 보관할 때
카테고리 분류 포인트

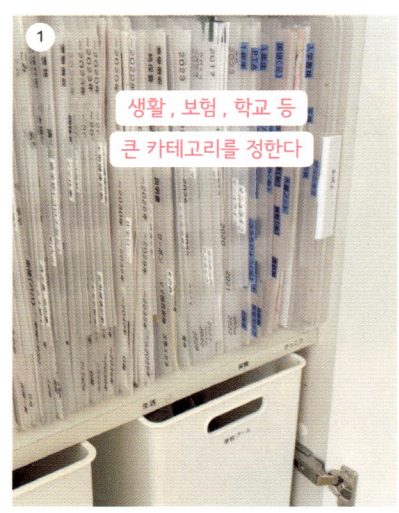

생활 , 보험 , 학교 등
큰 카테고리를 정한다

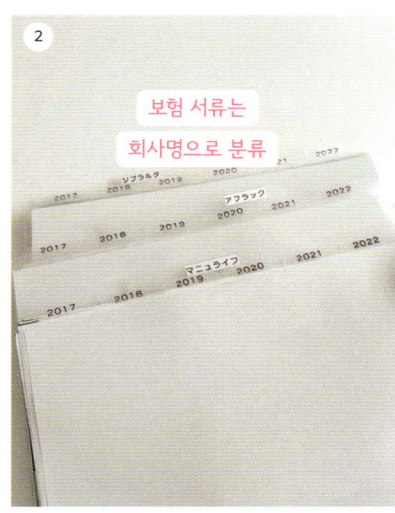

보험 서류는
회사명으로 분류

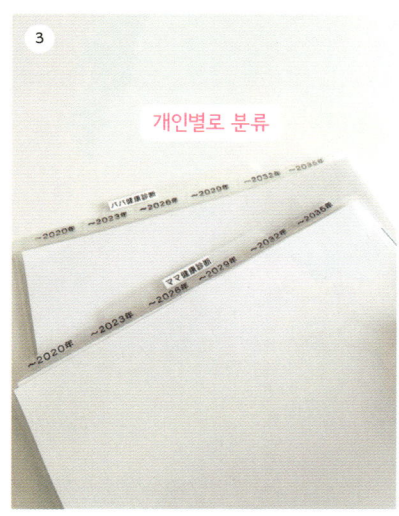

개인별로 분류

생활 행사로 분류

① 생활, 보험, 학교 등으로 큰 카테고리를 정한다

② 보험서류, 건강검진, 반상회 등 종류별로 파일을 만든다

③ 가족, 개인, 회사명으로 항목을 나눈다. 세리아의 'A4 폴더인백 5포켓(섹션파일)'이라
면 한 권으로 세세하게 항목을 분류할 수 있어요.

사용설명서와 보증서는
파일 수납

각 종류별로 라벨을 붙여 구분

보증서

사용설명서

재빨리 꺼낼 수 있고

정리도 쉬워요

사용설명서는 아코디언 파일, 보증서는 세리아의 'A4 폴더인백 5포켓(섹션파일)'을 사용. 파일박스에 한데 넣고 주방 가전, 주택 가전, 미용 가전 등으로 카테고리를 나누어 라벨을 붙였습니다. 꺼낼 때도 간편.

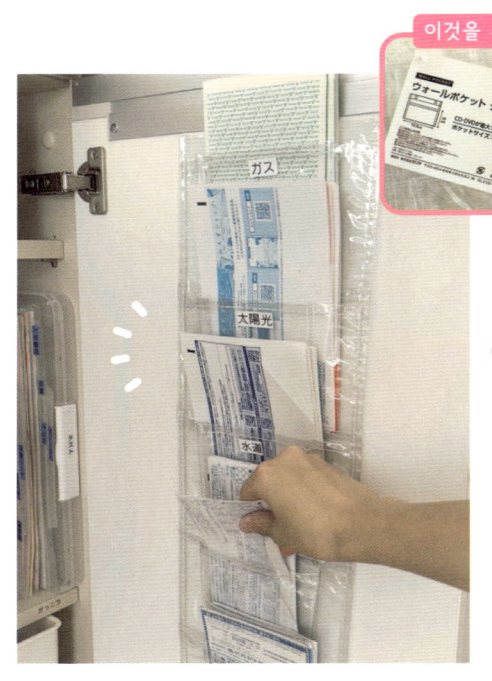

이것을 사용

{ 자주 쓰는 서류는 문을 열고 넣는 수납 }

세리아의 '투명 월포켓'을 서류 수납용으로 문 뒤에 설치. 매월 받는 가스와 수도, 전기요금 명세서를 바로 수납할 수 있도록 했습니다. 도착한 순서대로 앞쪽부터 넣으면 1월부터 12월까지 순서대로 깔끔하게 정리할 수 있습니다.

사용하기 더욱 쉽게!

{ 서류 수납은 1년에 한 번 재검토 }

사용빈도가 높은 파일은 연 1회, 항목분류를 재검토하는 것이 좋습니다. 사용하지 않은 항목, 꽉 차서 무엇이 들어있는지 모르는 항목은 없는지 살펴보는 것이 포인트. 정리하는데 10분 정도 걸리지만 서류 정리가 한결 수월해집니다.

사용하지 않는 항목은 재검토

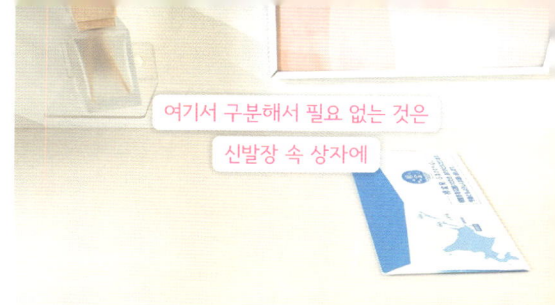

여기서 구분해서 필요 없는 것은
신발장 속 상자에

{ 우편물은 현관에서
필요, 불필요로 나눈다 }

우체통에서 우편물을 가져오면 현관에서 바로 분류. 필요와 불필요로 나누고 필요 없는 것은 바로 아래 신발장 안에 있는 상자에 넣었다가 가득 차면 한 번에 처분합니다. 필요한 것만 거실로 가져와서 보관.

반으로 잘라서 써요

{ 바로 처리하지 않아도 되는
우편물 임시보관함 }

A4의 파일케이스를 반으로 자르면 서랍 케이스와 선반 사이에 있는 틈새에 쏙 들어갑니다! '우편물 임시보관함'이라고 라벨링하고 '지금 말고 나중에 확인하자'고 생각한 우편물을 넣습니다. 정말 편리한 수납 중 하나.

철거했더니 깔끔

전에 있던 TV 장도

{ 장점이 많다면 가구도 철거 }

몇 년 전에 TV장을 없앴습니다. 바닥면적이 넓어져 가족이 쉴 수 있는 공간이 늘어나니 좋았습니다. TV를 벽에 걸었더니 바닥 청소도 편해졌어요. '비싼 건데…' '버리기 아까우니까 그냥 두자' 하는 마음보다 생활의 편의성을 더 중요시합니다.

자잘한 것은 작은 상자에

완충제 , 종이봉투
박스테이프 , 가위 등

{ 포장용품은 한꺼번에 보관 }

중고거래 사이트에서 물건이 팔렸을 때이 박스만 꺼내면 포장할 수 있도록 쇼핑백과 완충재, 가위, 박스테이프 등을 세트로넣어둡니다. 쇼핑백은 박스를 조금만 당겨도 꺼낼 수 있도록 가장 앞쪽에 보관해요.

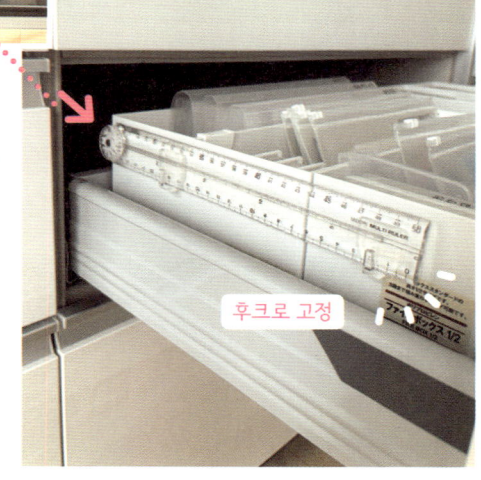

{ 길쭉한 자는
 서랍 옆면 수납 }

서랍의 옆면은 의외로 쓸모있는 공간. 보관할 곳이 마땅치 않던 긴 자가 딱 들어갑니다. 후크를 두 개 붙이고 자가 걸리게 놓으면 떨어지지 않습니다.

후크로 고정

이것을 사용!

파일박스에 걸어서
 수납할 수 있어요

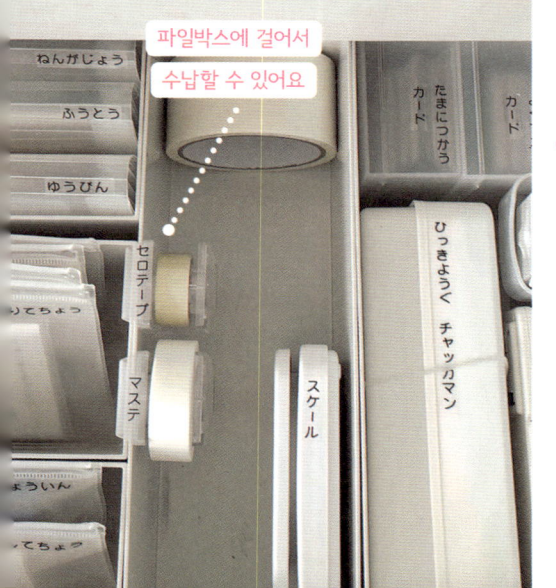

{ 마스킹 테이프는 커터로
 1초면 쓸 수 있게 수납 }

테이프류는 한꺼번에 상자에 넣어 보관. 자주 쓰는 마스킹테이프는 세리아의 '파일박스에 거는 테이프커터'를 사용. 공간이 절약되고 '사용'과 '정리'가 원활하게 이루어집니다. 휴대도 간단.

우표, 봉투,
연하장으로 나눠서

앉은 채로
꺼낼 수 있는 곳에 수납

{ **우편 세트는
일괄 수납** }

　엽서, 봉투 등을 보관할 때 균일가숍의
파일을 사용합니다. 자질구레한 것을 알아
보기 쉽게 정리할 수 있고 공간도 절약할
수 있는 점이 마음에 듭니다.

자석으로 붙였어요

1 2 3 4

제자리에 놔줘서 고마워요!

{ **소품은 '숫자 맞추기'로
제자리에 갖다
두고 싶게 수납** }

게임 감각으로
아이들도 재미있게 !

　학용품 코너에서 자주 사용하는 가위, 손
톱깎이 등의 뒷면에 균일가숍의 강력자석
을 붙여서 사용. 벽에 자석보조판을 부착하
여 수납합니다. 양쪽에 모두 숫자를 라벨링
해두면 숫자끼리 맞추고 싶어서 제자리에
붙이게 됩니다

여기 들어있어요

잡동사니는 수첩용 파일에 보관

태그나 스티커, 자석이나 핀 등 수납에 사용하는 자질구레한 물건을 보관할 때 원하는 스타일로 변경할 수 있는 수첩용 파일을 사용. 넣고 싶은 물건에 맞춰 다양한 종류를 조합할 수 있습니다. 찾기도 쉽고 잃어버릴 염려도 없어요.

태그와 스티커 , 자석과 핀 등

여기가 제자리

'줄자는 여기 !'라고 메시지를 라벨링

아무데나 놓는 물건은 메시지 붙이기

깔끔한 공간을 좋아하기에 새하얀 책상 다리에 검정색 글씨로 적힌 메시지가 눈에 거슬립니다. 이런 취향을 이용해서 아무 데나 두게 되는 줄자의 제자리에 '줄자는 여기!'라고 라벨링. 이 글씨를 가리고 싶어서 제자리에 놓게 됩니다.

설날 장식과 행사장식
생일 축하 용품 등

여기 보관해요

계절 장식품은 박스에 담아 한꺼번에 수납

설날 장식이나 칠석 장식 등 거실 주변에서 쓰는 이벤트용 장식품은 한데 모아 무인양품 소프트박스에 담아둡니다. 그냥 넣기만 하면 되니 너무 간편해요. 거실 옆에 있는 방의 벽장 안에 수납합니다.

병원세트와 손난로
편지지류와 반짇고리 등

이렇게 나눠져 있어요

생활용품은 사용 빈도에 따라 구분 수납

벽장 수납은 스틸랙에 무인양품의 소프트박스를 사용. 깊이가 있어 사용빈도가 낮은 생활용품은 안쪽에 넣었습니다. 병원 세트나 핫팩, 편지지 등을 파우치에 구분해서 넣고 꼬리표를 달아 내용물을 바로 알아볼 수 있도록 했어요.

라벨기 물품은
용도와 장소에 따라 구분

가장 많이 쓰는 것은 투명 × 검정글씨

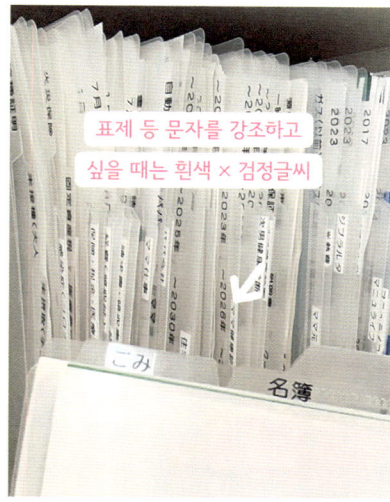

표제 등 문자를 강조하고 싶을 때는 흰색 × 검정글씨

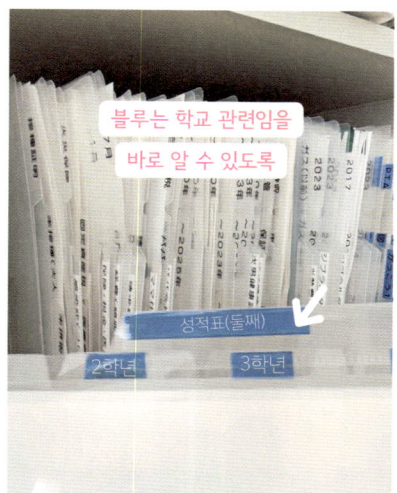

블루는 학교 관련임을 바로 알 수 있도록

그레이는 아이용품

애용 중인 라벨기인 카시오의 '네임랜드'와 브라더의 '피터치 큐브'. 네임랜드는 심플한 라벨, 피터치 큐브는 정교한 라벨을 만들고 싶을 때 씁니다. 용도와 장소에 따라 라벨을 구분하면 보기 편해요.

이것을 사용!

투명이라 압박감 없이
깔끔하게 정리돼요

자주 쓰는 식기는
칸막이 선반으로
넣고 꺼내기 쉽게

식기장에서 가슴부터 머리 높이의 2단은 자주 사용하는 식기를 수납합니다. 무인양품 '아크릴 칸막이 선반'을 사용해 공간을 분리하여 부드럽게 꺼낼 수 있도록 간격을 두는 것이 포인트. 투명이라 압박감 제로.

발 지압 매트는
사각지대에

집안에서 휴식을 취할 수 있도록 몸 관리도 중요하게 생각합니다. 주방에서는 설거지하면서 식탁에서는 의자에 앉아 화장하면서 발바닥을 지압합니다. 주방과 식탁 어느 쪽에서든 가까운 사각지대에 수납.

컬러풀한 색상이라
사각지대에 보관

4인 가족용 식기
1분 만에 정리

① 매일 사용하는 식기는
가슴 ~ 머리 높이 선반에 집약

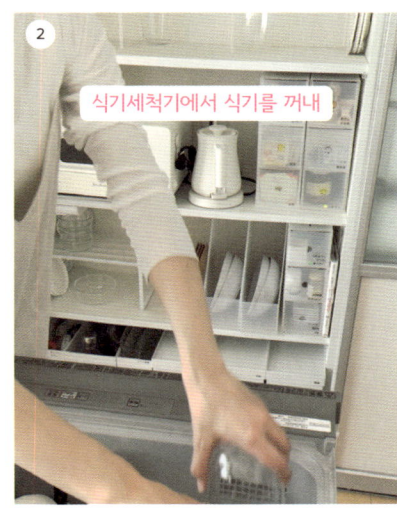

② 식기세척기에서 식기를 꺼내

③ 한 발짝도 움직이지 않고
맞은편의 선반에 넣으면 됩니다.

④ 거의 움직이지 않고
1 분 안에 정리 완료

　기본은 걷지 않고도 1분 안에 식기세척기에서 식기를 정리하는 것. 매일 쓰는 식기는 쪼그려 앉지 않고 정리할 수 있는 선반에 집약. 밥그릇은 식기장 옆에 있는 밥솥 근처에 둡니다. 한 손으로 꺼낼 수 있는 경량 소재로 식기세척기 사용이 가능한 식기를 선택하는 것도 중요합니다.

걸레와 세제 , 비닐봉지 , 밀대걸레

이곳은 청소용품 1년 치와 주방에서 사용하는 일용품을 보관하는 장소. 압축봉은 낙하 방지 및 라벨링용으로 설치했습니다. 걸레는 선 채로 꺼낼 수 있는 위치에 수납. 줄어들어도 꺼내기 쉽도록 북엔드로 지지해 둡니다.

이것을 사용 !

높은 곳 케이스는
손잡이 달아
꺼내기 쉽게

주방 수납장 맨 위에 있는 박스를 꺼낼 때 까치발을 해야 해서 불편. 박스 아랫부분에 보호용 마스킹테이프를 붙이고 그 위에 다이소의 '접착 손잡이'를 달았습니다. 쉽게 꺼낼 수 있어요.

까치발 하지 않고도
꺼낼 수 있어요

이렇게 붙였어요

{ 배수구망은 젖은 손으로도 꺼낼 수 있게 }

싱크대 하단 서랍의 바깥쪽에 간편하게 꺼낼 수 있는 케이스에 담아 띄워서 수납합니다. 뚜껑이 없으므로 손이 젖어도 OK. 한 장씩 쉽게 뽑을 수 있어요. 세리아의 '띄워서 수납 흡착 페어링 시트'를 사용하면 케이스 전체를 분리하여 쉽게 보충할 수 있습니다.

싱크대 앞에 선 채로 꺼낼 수 있어요

얇아서 틈새에
넣을 수 있어요

한 손으로 딸깍

{ 조미료 케이스지만 치즈 보관 안성맞춤 }

여러 가지 방법으로 슬라이스 치즈를 보관해 봤지만, 균일가숍의 '조미료 케이스'가 가장 좋았습니다. 냉장고 구석에 수납할 수 있고 위에 있어도 한 손으로 꺼낼 수 있어요. 한 팩 분량이 딱 들어가는 크기로 뚜껑이 있어 건조도 방지할 수 있어요.

무엇이 들어있는지
한눈에 알 수 있도록 관리

냉장고는 바구니 없이 쓰고
꽉 채워 넣지 않는다

식재료는 항상 정해진 것만 사는 것도 아니고 내용물을 제대로 파악하지 못해 유통기한이 경과하기도 해서 전용 바구니는 쓰지 않고 있어요. 무엇이 들어있는지 아는 것과 바로 꺼내는 것을 중요하게 생각하며 늘 신경써서 수납하고 있습니다.

상품명이 보이게
가로로 보관

한눈에 알아볼 수
있게 식료품 배치

서랍에 식료품을 보관하기 때문에 캔과 병 모두 상품명이 보이도록 눕혀서 수납하는 것이 포인트입니다. 위에서 보면 무엇이 들어있는지 알 수 있어서 라벨링이 필요 없어요. 내용물의 변화에 맞춰 칸막이 위치를 바꿀 수 있습니다.

후크가 달린 케이스로
띄워뒀어요

여기 !

{ 쿠킹호일은 토스터 아래 대기 중 }

쿠킹호일은 토스터를 쓸 때 자주 필요하지요. 선 채로 왼손을 조금만 내리면 꺼낼 수 있도록 토스터 밑에 붙여둡니다. 한 발자국도 움직이지 않고 한 동작을 완료하는 것을 목표로 하면 편하고 시간도 단축됩니다.

문구류와 함께 상자에 수납

여기 들어있어요

{ 토치는 주방 서랍 속에 }

촛불을 켤 때, 마당에서 고기를 구워 먹을 때. 가끔 사용하니까 현관에 두면 되겠다고 생각했던 토치. 그런데 의외로 사용 빈도가 꽤 높아서 주방 서랍에 두었어요. 자주 쓰지 않는 필기도구와 함께 둡니다.

이것을 사용

하나씩 케이스에 넣어요

{ **물병과 스트랩은
따로 수납** }

물병은 니토리의 'N 인박스'에, 스트랩은 세리아의 'ES커트러리 케이스'를 사용해서 박스 안쪽에 걸어서 보관합니다. 생각없이 마구 넣기 쉽지만 분리해서 수납하면 훨씬 꺼내기 쉽습니다.

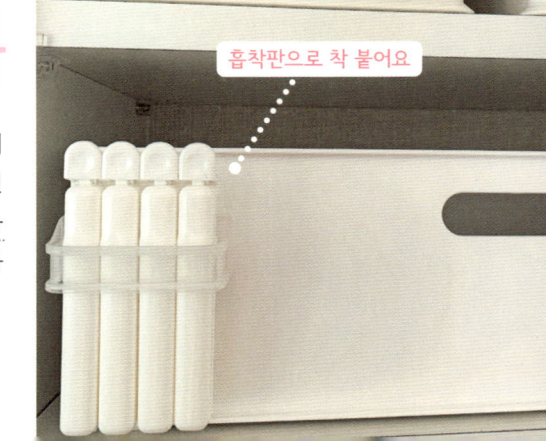

이것을 사용

{ **빵 수납함에
밀봉 집게를 스탠바이** }

흡착판으로 착 붙어요

세리아의 '흡착 밀봉집게'는 4개가 한 세트이고 뒷면에 흡착판이 달려있어 매우 편리한 제품입니다. 식빵 봉지를 닫고 싶을 때 바로 쓸 수 있도록 빵 수납함 옆에 착 붙일 수 있어서 맘에 쏙 들어요.

라벨링 해서 박스에 넣어요

{ 처방약은 전용 파우치로 종류별 수납 }

처방받은 약은 종이봉투 그대로 수납해 두면 찢어지거나 약상자 안에 파묻혀 보관하기 어렵습니다. 슬라이딩 지퍼식으로 앞에 주머니가 있는 약 파우치는 파우치 하나에 약과 설명서를 분리해서 보관할 수 있어 약을 쉽게 꺼낼 수 있습니다.

자잘한 약은 자유롭게

칸막이해서 꺼내기 쉽게

{ 칸막이로 약의 제자리를 만든다 }

원하는 길이로 자를 수 있는 칸막이 판을 사용했습니다. 케이스의 폭과 수납 아이템의 크기에 맞게 조합하고 라벨링으로 위치를 결정. 연고나 반창고 등 아이템에 맞는 칸막이 덕분에 꺼내기 쉬워집니다.

약 수납함에
코 스프레이 등을 걸어둡니다

{ 파묻히기 쉬운 소품은 망사 수납 주머니에 }

균일가숍의 망사 수납 주머니는 깊이감 있는 박스 옆에 걸어 소품을 넣기에 딱 좋아요. 저는 약 수납함 옆에 걸고 코 스프레이 등을 넣어둡니다. 박스 속에 파묻힐 걱정 없이 바로 꺼내 사용할 수 있어요.

이렇게 걸었어요

이불 근처에서 대기 중

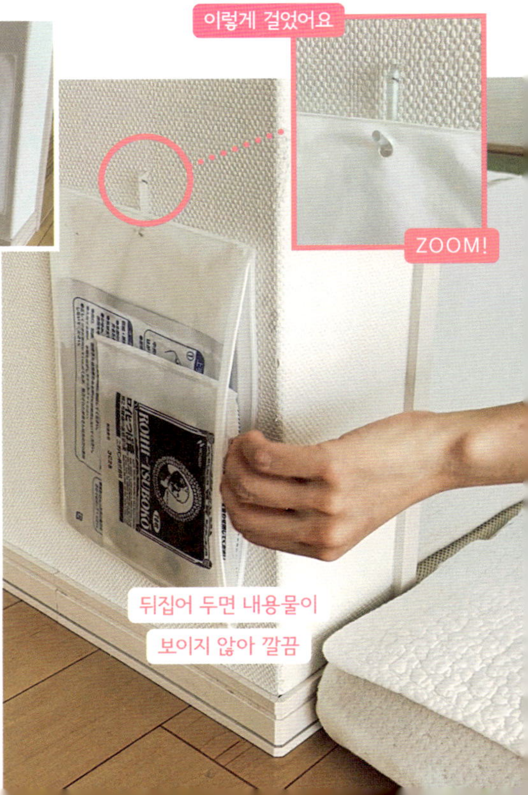

ZOOM!

{ 잠자리에 들기 전 붙일 수 있는 파스 수납 }

밤에 이불 속에 들어갔는데 목이나 어깨가 아플 때 파스를 가지러 가야 한다면? 이불 머리 위쪽 벽에 후크핀을 달고 파스를 넣은 지퍼백에 구멍을 뚫어 걸어두면 손을 뻗어 바로 꺼낼 수 있어요.

뒤집어 두면 내용물이
보이지 않아 깔끔

진찰권이나 약 수첩, 마스크 등

{ 아이들 병원 관련 용품 세트 수납 }

무인양품의 'EVA케이스 지퍼부착 B6 사이즈'에 아이들 병원이라고 라벨을 붙이고 진찰권, 약 수첩, 예비용 마스크 등을 세트로 넣어둡니다. 병원에 갈 때는 이것 하나만 가지고 가면 끝

여기에 들어있어요

아빠 진찰권

엄마

K

S

{ 가끔 쓰는 진료카드는 개인별 수납 }

가끔 가는 병원의 진찰권은 가족별로 나누어 라벨을 붙인 무인양품 뚜껑 있는 케이스에 넣어둡니다. 자주 쓰는 아이들 병원 관련 용품 세트 근처에 보관하므로 필요할 때 바로 꺼낼 수 있어 편리합니다.

향기 좋은 아로마도

거울, 장식품, 그림,
구둣주걱을 모두 띄워서 보관

{ 청소가 쉬워지는
현관의 띄우는 수납 }

현관은 거의 띄우는 수납. 이유는 청소하기 편하기 때문입니다. 선반 위에는 아무것도 올려놓지 않고 식물이나 아로마 디퓨저 등의 장식품, 그림, 구둣주걱 외에 거울을 벽에 걸어놓습니다. 먼지는 먼지털이로 간단하게 청소.

위에서 전체를 볼 수 있어요!

{ 마스크는 현관 서랍에
세로 수납 }

아이들이 현관에서 마스크를 찾을 때가 있어서 제 마스크와 함께 현관 서랍에 수납해 두었습니다. 서랍을 열면 모든 종류가 한눈에 들어와 '오늘은 무슨 색을 쓸까' 선택하기 쉽습니다.

아이용에는
파란 스티커를 붙여 표시

나무 발판에 바퀴를 붙여요

앞쪽에 후크를
달아 꺼내기 쉽게

{ 나무 발판에 바퀴를 달아
신발 정리 }

나무 발판 바닥에 붙이는 바퀴를 딱 붙여줍니다. 앞쪽 한가운데 투명 후크를 달아 완성. 신발장 밑에 스탠바이하다가 벗은 신발을 올리고 신발장 밑으로 싹 넣으면 깔끔. 청소도 쉽게 할 수 있어요.

여기에 넣었어요

{ 도장과 포스트잇은
케이스에 한꺼번에 보관 }

도장과 포스트잇은 무인양품의 '폴리프로필렌 소품 케이스'에 넣어둡니다. 자질구레한 물건들은 지저분하게 보이는 원인이 되므로 대충 넣을 수 있는 케이스에 한꺼번에 보관하면 편리해요.

긴 우산과 공은
바에 매달아 수납

외출하기 전에 빨리 챙기고 싶은 긴 우산이나 공. 하나씩 바에 매달아 두면 쉽게 꺼낼 수 있어요. 선반 위의 물건도 편하게 꺼낼 수 있도록 접이식 발디딤대도 걸어둡니다.

이것을 사용!

신발 수납용품은 오래
쓸 수 있는 것으로

당장 저렴해도 나중에 교체해야 한다면 번거롭고 돈이 들어갑니다. 그래서 아기 때부터 어른까지 계속 쓸 수 있도록 높이 조절이 가능한 신발 수납용품을 샀습니다. 조금 비싸더라도 오래 사용하는 것이 결과적으로 낭비하지 않는 것입니다.

현관 수납의 기본은
1아이템 1상자

모자

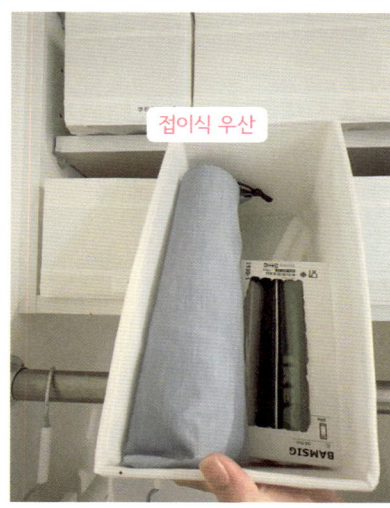

접이식 우산

학교 슬리퍼는
주머니와 함께 수납

포장용품은
한데 모아 보관

현관에 수납하는 것은 거실로 가져갈 필요가 없는 모자나 포장용품 등. 기본적으로 1아이템을 1상자에 넣는 것이 기본이지만 접이식 우산은 젖은 우산을 담을 수 있는 지퍼백, 학교 슬리퍼는 작품을 넣어 가져올 수 있는 주머니 등과 함께 보관하면 편리합니다.

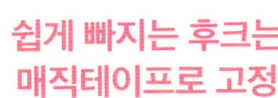
그대로 걸어요!

여기에 붙여서

쉽게 빠지는 후크는
매직테이프로 고정

　매직테이프는 아크릴 재질의 양면테이프를 말합니다. 문이나 가구에 거는 부분에 작게 자른 매직테이프를 붙이면 접착력이 좋아 흔들리거나 빠지지 않습니다.

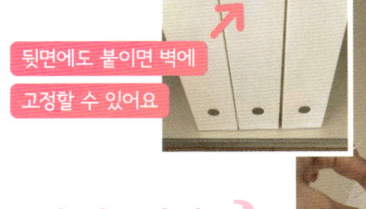
뒷면에도 붙이면 벽에
고정할 수 있어요

파일 박스가 어긋나면
매직테이프로

　파일 박스를 연결하고 싶을 때도 매직 테이프가 유용. 옆면에 몇 군데 테이프를 붙인 다음, 파일 박스끼리 맞대기만 하면 됩니다. 앞쪽으로 자꾸 튀어나오면 뒤쪽에 테이프를 붙이면 벽면에 고정할 수 있습니다.

파일 박스끼리 붙여주세요

{ 자주 쓰는 테이프류는
쓰는 곳 근처에 }

자주 사용하는
주방에 걸어둬요

매직테이프나 검정테이프를 자주 쓰는 곳은 주방이기 때문에 후크에 걸어서 보관합니다. L자형 투명 후크에 걸었더니 마치 공중에 떠 있는 것 같아요.

자석으로 붙여요

이렇게 끼워요

이것을 사용!

{ 충전 코드는 케이블 홀더로
늘어짐 해결 }

거실에서 사용하고 있는 긴 스마트폰 충전 코드. 캔두의 '자석부착형 케이블 홀더'에 끼워 화이트보드에 붙여둡니다. 줄이 바닥에 끌리지 않아 바닥 청소가 번거롭지 않아요.

자주 지나가는 곳에
화이트보드에

확인이 필요한 서류는 거실에 붙여둔다

확인이 필요한 서류는 거실, 현관으로 향할 때 꼭 지나가는 거실 사각지대에 화이트보드를 설치해서 붙여둡니다. 어디 넣어두면 잊어버리기 쉽지만 눈높이에 있는 화이트보드라면 지나갈 때마다 '아!' 하고 기억하게 됩니다.

외출할 때 가지고 나갈 서류는 현관문에

나갈 때 지참해야 하는 서류는 현관문 안쪽에 자석으로 붙여놓습니다. 눈높이에 붙여두면 나가기 전에 '아! 이거 가져가야지!'라고, 생각하게 되어 잊지 않고 들고 나갈수 있어요.

눈높이에 붙일 것

클립후크로 매달았어요

손을 씻고 물기를 닦을 때까지 원활

{ 손씻기 아이템은 세면대에 띄워둔다 }

핸드워시는 매직테이프로 붙이고 종이타월과 휴지통은 클립후크를 이용해서 압축봉에 걸었습니다.

핸드워시를 짜서 손을 씻고 종이타월로 물기를 닦은 후, 휴지통에 휙 버리는 일련의 움직임이 물 흐르듯이 자연스럽게.

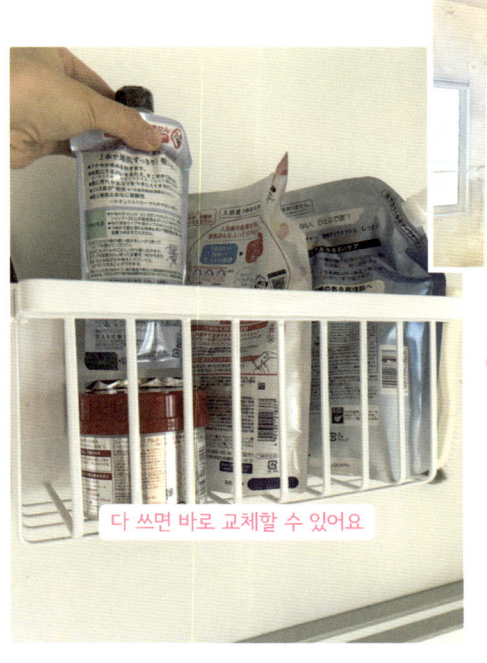

다 쓰면 바로 교체할 수 있어요

바구니에 담아 띄웠어요

{ 욕실 안에도 일용품 재고는 최소한만 보관 }

샴푸가 떨어지는 상황이 와도 바로 교체할 수 있도록 최소한의 재고를 욕실 안 바구니에 수납. 재고를 보충할 때도 시간을 단축할 수 있도록 바구니는 욕실 입구 근처에 두는 것이 포인트.

문을 여닫을 필요가
없어 편해요

치약을 빼지 않고도
간편하게 사용할 수 있어요

{ 세면 아이템을 띄워
1초 만에 정리 }

세면대 옆 벽에 마스킹테이프를 붙이고 양면 테이프를 붙인 철판을 붙이면 띄우는 수납 공간 완성. 자석이 붙기 때문에 칫솔 홀더나 클립은 자석으로 된 것을 씁니다. 문을 여닫을 필요가 없어서 1초면 사용할 수 있습니다.

압축봉을 달았어요

{ 화장지는 압축봉 수납으로
쉽게 꺼내기 }

화장실 상부장 바로 아래에 압축봉으로 화장지 수납 공간을 만들었어요. 여기에 두면 변기에 앉은 채로 꺼낼 수 있고 수납장에 있는 재고에서 쉽게 보충할 수 있어요. 탈취 기능이 있는 화장지를 선택하면 방향제가 필요없어요.

앉아서 꺼낼 수 있는 위치에

공간을 알차게
세면대 하부장 수납

문 뒤는 네트망에
소품을 걸어서 수납

길이 조절 선반에
파일박스를 2단으로

이만큼 들어있어요

공간을 나누면 수납력이 up!

니토리의 길이 조절 선반으로 내부를 나눈 후, 캔두의 파일박스를 2단으로 놓고 샴푸와 세제, 칫솔 등의 재고 보관. 문에는 네트망과 후크 등을 이용해 자질구레한 물건들을 넣었습니다.

세면대 안쪽과 문을 활용
수납 공간 늘리기

문에 수건걸이를 설치하고
쓰레기봉투 수납

이것을 사용!

안쪽으로 케이스에 담은
위생장갑을 수납

수납 공간이 부족하다는 생각이 들면 문이나 안쪽의 작은 공간을 찾아봅니다. 우리 집은 세면대 하부장 문에 수건걸이로 쓰레기봉투를 걸고 안쪽에는 케이스에 담은 위생장갑을 수납. 사용 빈도가 높지 않으면 안쪽 공간을 활용하는 것도 좋습니다.

세탁 전 옷과 양말 보관함을
세탁기에 띄운다

펼쳐서

빨래할 옷을 임시 보관

양말은 세탁 망에 넣어

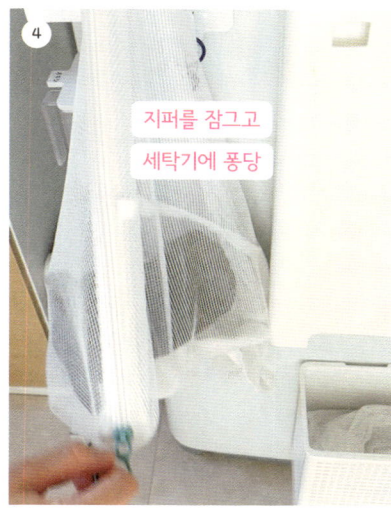

지퍼를 잠그고
세탁기에 퐁당

라쿠텐에서 산 접이식 수납박스는 빨래할 옷을 임시로 보관할 때 편리합니다. 부속품으로 들어있는 후크에 걸었어요. 접을 수 있어 수납 공간을 절약할 수 있습니다. 양말은 세탁망에 넣어 세탁부터 건조까지 진행. 한 짝이 분실되는 것을 방지.

세탁기 옆 틈새에 보관

통을 누르면
세제량을 잴 수 있어요

{ 한 손 계량 세제통으로 부담 줄이기 }

계량 세제통은 한 손으로 통을 꽉 쥐면 쉽게 계량되고 그대로 넣을 수 있어요. 세제를 넉넉하게 1리터 정도 넣을 수 있고 틈새에 둘 수 있는 스마트한 디자인도 마음에 들어요. 입구가 넓어서 리필도 간단하고 빠릅니다.

{ 세수 아이템은 세탁기 옆면 수납 }

아침 시간은 정말 소중합니다. 세면대에 서서 손만 뻗으면 닿을 수 있는 곳에 필요한 물건을 놓아두면 아무리 바빠도 다 쓰면 자연스럽게 제자리행. 세면대 옆은 세탁기라서 선반으로 세리아의 'ES자석트레이'를 부착.

자석 부착 선반을 사용해요

재빨리 꺼내서 쓰고
바로 제자리에

{ 바디워시는 자석 홀더로 벽에 붙이기 }

600ml 대용량 병에 담고 자석 홀더로 벽에 붙여 고정. 홀더째 떼서 뒤쪽 벽에 착 붙여놓고 사용할 수 있는 것이 편리합니다.

{ 아로마 램프 바로 옆에 아로마 오일 수납 }

현관에 있는 아로마 램프를 켤 때는 아로마 오일도 함께 쓰기 때문에 램프 바로 옆에 보관해 두면 바로 쓸 수 있어 편리합니다. 아로마 오일에 자석을 부착해서 신발장 문 뒤에 띄워서 수납합니다.

한번에 내용물을
파악할 수 있어요

{ 높은 곳 라벨링은
이미지 + 글자 태그 }

높은 곳에 있는 수납함에 글자 라벨을 붙여도 잘 보이지 않습니다. 평소에 아이들이 입는 옷을 촬영했다가 '이미지 + 글자'로 단번에 판단할 수 있는 태그를 스마트폰 앱으로 만들었습니다. 사이즈도 약간 큼직하게.

원피스, 상복 가까이에
걸어둬요

행거식 수납함에 염주나
진주 액세서리, 스타킹 등

{ 관혼상제 용품
모아 두기 }

행거식 소품 수납함에 관혼상제 관련용품을 한꺼번에 모아서 보관. 스타킹, 손수건, 브로치 등을 원피스나 상복 근처에 세트로 놓아두면 만일의 경우에도 당황하지 않고 침착하게 준비할 수 있습니다.

118

다리미로 붙였어요

이것을 사용!

NUNO DECO

{ 소프트박스 라벨링은 패브릭용 테이프로 }

화장실 수납할 때 애용하는 무인양품의 소프트박스. 습기가 많은 탓인지 자꾸 라벨이 벗겨집니다. 그래서 '패브릭 데코테이프'를 다리미로 붙이고 그 위에 라벨을 붙이는 방법으로 변경! 선택할 수 있는 색상도 다양합니다.

알아보기 쉽고 깔끔!

{ 옷은 억지로 줄이지 않고 색상별로 걸기 }

저는 옷이 많은 편입니다. 하지만 무리해서 줄이지 않고 기분 좋게 입을 수 있는 옷을 소장하고 싶습니다. 다만 깔끔하게 정리하는 것이 중요합니다. 공간을 절약하여 수납할 수 있는 행거에 걸어 색상별로 정리하면 꺼내기 편합니다.

여기 있어요!

360도 회전하니까
꺼내기 편해요

가방 2개를
걸 수 있는 행거로
공간 절약

다이소의 '가방걸이(더블)'는 하나에 가방 2개를 걸 수 있고 360도로 회전. 한 개씩 후크에 거는 것보다 훨씬 공간이 절약됩니다. 앞에는 자주 사용하는 가방, 뒤에는 계절별 가방을 걸 수 있어 사용법도 편리.

여기 있어요!

환절기에는 여유로운
수납으로 옷 관리

환절기에는 기온이 안정적이지 않기 때문에 '겨울옷을 다 집어넣었는데 다시 꺼내야 하나?' 고민하게 되는게 스트레스. 그래서 지난 계절의 옷을 여유있게 수납할 수 있는 상자를 준비했어요. 존재만으로 마음이 평온해집니다.

조끼나 수면양말을 박스에
여유있게 담아요

{ 가늘고 긴 메이크업 제품은 칸막이로 세우기 }

마스카라와 아이라이너, 브러시 등 길쭉한 메이크업 아이템은 같은 방향으로 수납하면 아래쪽에 묻혀 찾기 어렵습니다. 균일가숍의 칸막이를 사용하여 한 개씩 넣었더니 화장 시간이 훨씬 편해졌어요.

ZOOM!

{ 머리 끈은 서랍 옆면에 }

머리 끈은 무심코 손목에 끼고 다니다 보면 잃어버리기 십상. 메이크업 용품이 들어있는 서랍의 데드 스페이스에 코드 걸이를 붙여 제자리를 만들었습니다. 화장이 끝난 후 바로 머리를 묶을 수 있어요.

거울도 자석으로 붙여둡니다

후크에 걸면 끝

{ 액세서리는 외출 준비 동선에 오픈 수납 }

외출하기 전에 액세서리를 착용하기에 화장실에서 거실, 현관까지의 동선상에 수납합니다. 세리아의 '자석 욕실 거울'과 초미니 자석 후크에 자주 사용하는 액세서리를 걸어둡니다.

세워서 서랍에

{ 가끔 착용하는 액세서리는 케이스 보관 }

균일가숍에서 살 수 있는 흰색 뚜껑이 있는 케이스 안에 케이스와 같은 크기로 자른 멜라민 스펀지를 끼워 넣으면 끝. 커터칼로 스펀지에 ×표로 칼집을 내고 목걸이 끈을 밀어 넣으면 엉키지 않게 수납할 수 있습니다.

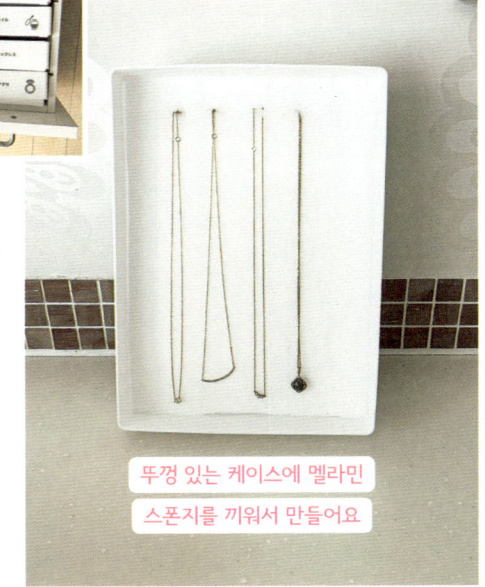

뚜껑 있는 케이스에 멜라민 스펀지를 끼워서 만들어요

쌓아서 옮길 수 있어 편리

{ 자잘한 물건 수납은 얇고 칸막이 있는 케이스 }

무인양품 6단 서랍 케이스에 아이가 잘
가지고 노는 자잘한 장난감을 수납. 서랍
깊이가 얇고 최대 4칸까지 나눌 수 있어 꺼
내기 편한 것이 장점. 놀이가 끝나면 서랍
에 다시 끼우기만 하면 되므로 간단.

내부도 세세하게 분할

공간이 있다면
많아도 괜찮아요

{ 쇼핑백은 무리없이 보관할 수 있다면 버리지 않아도 된다 }

물건 정리를 할 때 안 쓰는 것은 '기한을
정해서 처분하라'는 말을 많이 하는데 자
신의 마음이 가장 중요합니다. 가끔 쓰는
쇼핑백이지만 버리고 싶지 않습니다. 양이
좀 많긴 해도 무리없이 수납할 수 있어 만
족해요.

걸리지 않고 꺼낼 수 있는 깊이를 골라요

{ 깊이가 있는 상자로 서랍 수납력 높이기 }

원 서랍의 깊이 보다 깊고 서랍이 부드럽게 열고 닫히는 수납 상자를 넣을 것. 1.5배 정도 더 넣을 수 있어 수납력이 훨씬 좋아집니다.

이런 식으로 붙였어요

무거운 상자도 부드럽게 꺼낼 수 있어요

{ 바퀴를 달면 상자 이동이 편하다 }

다이소의 '접착식 캐스터 바퀴'를 수납 상자 바닥에 붙이면 이동이 편합니다. 4개들이로 내하중이 8킬로인 것도 마음에 들어요. 주방 수납장 맨 밑에 수납하는 음료수 박스를 쉽게 넣고 뺄 수 있어요.

{ 사용 빈도가 낮은 물건은 골판지 상자에 }

집안 곳곳에서 사용 중인 뱅커스박스. 30kg의 하중을 견딜 수 있을 만큼 견고하며 쌓아서 수납할 수 있어요. 가벼워서 천장 근처에 올려두어도 지진에도 안심. 가볍고 사용빈도가 낮은 것을 넣는 것이 포인트

심플하고 튼튼한 골판지 상자

뚜껑에 사진을 붙였어요

{ 남겨두고 싶은 아이 옷은 추억 상자에 보관 }

처분하고 싶지 않은 것, 추억으로 간직하고 싶은 것은 무리하게 줄이지 않습니다. 아이들이 어릴 때 입었던 옷을 남겨두고 싶어서 사진을 붙인 추억 상자에 보관. 수납법을 조금 고민하면 남기고 싶은 물건을 간직할 수 있어요.

손님용 커트러리나
일회용 물건 등

여기에 보관

{ 가끔 쓰는
커트러리는 따로 수납 }

매일 쓰는 물건과 가끔 쓰는 물건이 섞여 있는 수납은 쓰기 불편합니다. 토스터 아래쪽에 부착식 서랍을 설치하고 가끔 오시는 부모님의 젓가락이나 일회용 숟가락과 포크, 나무젓가락 등을 수납했습니다.

최대한 컴팩트하게

그라탕 접시나 유리컵 등

{ 잘 안 쓰는 식기는 상자에
담아 그릇장 맨 밑에 }

가끔 쓰는 식기를 꺼내기 편한 장소에 수납하는 것은 조금 아깝습니다. 하지만 여기저기에 두고 꺼내는 것은 번거로우니까 무인양품 파일박스에 모두 담고 별도 판매하는 뚜껑을 덮어 그릇장 맨 밑에 수납하고 있습니다.

여기 들어있어요

맥주 재고는 박스째 냉장고 옆 수납

맥주를 현관에 수납했는데 냉장고로 옮길 때 시간도 걸리고 너무 귀찮았어요. 냉장고 바로 옆에 있는 틈새 수납장에 제자리를 만들었더니 시간이 단축되어 아주 편하게 생활하고 있습니다.

떨어지면 바로 보충 가능!

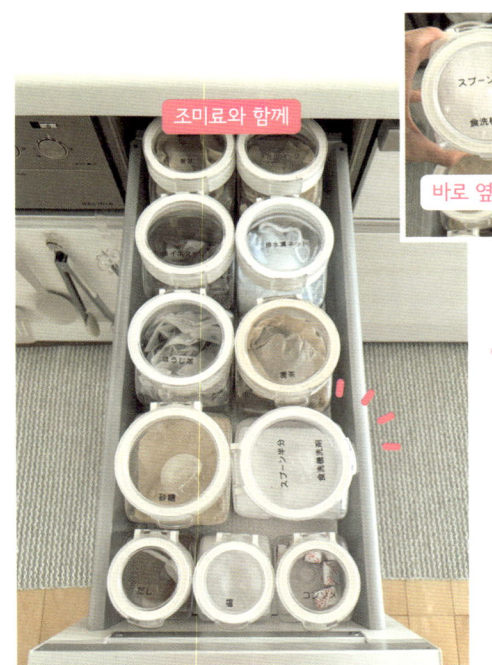

조미료와 함께

바로 옆 식기세척기에서 사용

주방 맨 윗서랍에 식품과 생활용품 함께 보관

주방에 들어서면 바로 꺼낼 수 있는 가장 상단의 얕은 서랍. 쓰기 편하기 때문에 식품만으로 한정하지 않고 오른쪽 옆 식기세척기용 세제나 왼쪽 옆 가스레인지에서 자주 쓰는 조미료 등 매일 쓰는 것을 넣는 것이 베스트.

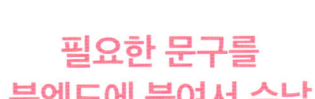

자석으로 붙였어요

필요한 문구를 북엔드에 붙여서 수납

가위나 펜 등 자주 쓰는 것은 서랍에 넣지 않고 북엔드를 활용해 띄워서 보관합니다. 서류를 받쳐주면서 문구류도 재빨리 꺼낼 수 있는 편리한 공간으로 활용할 수 있어 추천합니다.

이렇게 매달았어요

바나나는 후크로 제자리를 만든다

불필요한 움직임을 최소화하기 위해 식탁과 가까운 곳에 바나나 자리를 만들었어요. 균일가숍의 회전 자석 후크에 매달아서 보관합니다. 바나나가 인테리어 소품처럼 보여서 마음에 들어요.

전자레인지 옆에

가끔 쓰는
튀김 세트는 큰 냄비 안에

1 밧드나 집게 채반 등

2 냄비 속에 한꺼번에 모아서

3 더 큰 냄비 안에 넣는다

4 자리를 차지하지 않고 깔끔!

수납 공간이 부족한 경우, 가끔 쓰는 냄비 안에 포개 넣는 것을 추천. 튀김에 사용하는 밧드나 집게 등을 튀김 냄비 안에 세팅해 두면 냄비를 꺼내기만 하면 필요한 것을 전부 꺼낼 수 있어 시간이 단축됩니다.

우리 집 수납의 생명!

띄우는 수납의 장점

우리 집의 대부분은 띄우는 수납. 그 이유는 매우 심플하고 공간을 넓게 쓸 수 있으며 청소도 쉽게 할 수 있기 때문입니다. 아주 효율적인 수납법이라고 생각합니다. 공간을 최대한으로 활용해서 가족과 함께하는 휴식 시간을 느긋하고 여유롭게 즐기고 싶습니다.

소중한 공간을 물건에 점령당하고 싶지 않아요. 그래서 TV장을 없애고 텔레비전도 벽에 걸었습니다. 바닥에 물건이 없으면 청소할 때 치울 필요가 없어 진행이 매끄럽습니다. TV장이 있을 때는 TV장 위와 텔레비전 위 청소를 세트로 해야 했지만 이젠 청소할 곳이 한군데 줄어서 편해졌어요.

띄우는 수납을 고려할 때 요령

- 한 걸음도 움직일 필요 없이 꺼낼 수 있는 위치를 찾는다.
- 물건이 되도록 눈에 띄지 않도록 신경을 쓴다 (벽과 같은 색으로 구입 등).
- 시각적으로 정신없지 않은지를 확인 (아래, 측면 등 사각지대를 활용).
- 로봇청소기에 청소를 맡길 수 있는가.

제 5 장

스트레스 제로
수납 요령

남편 우편물 보관함
옷 갈아입는 공간에

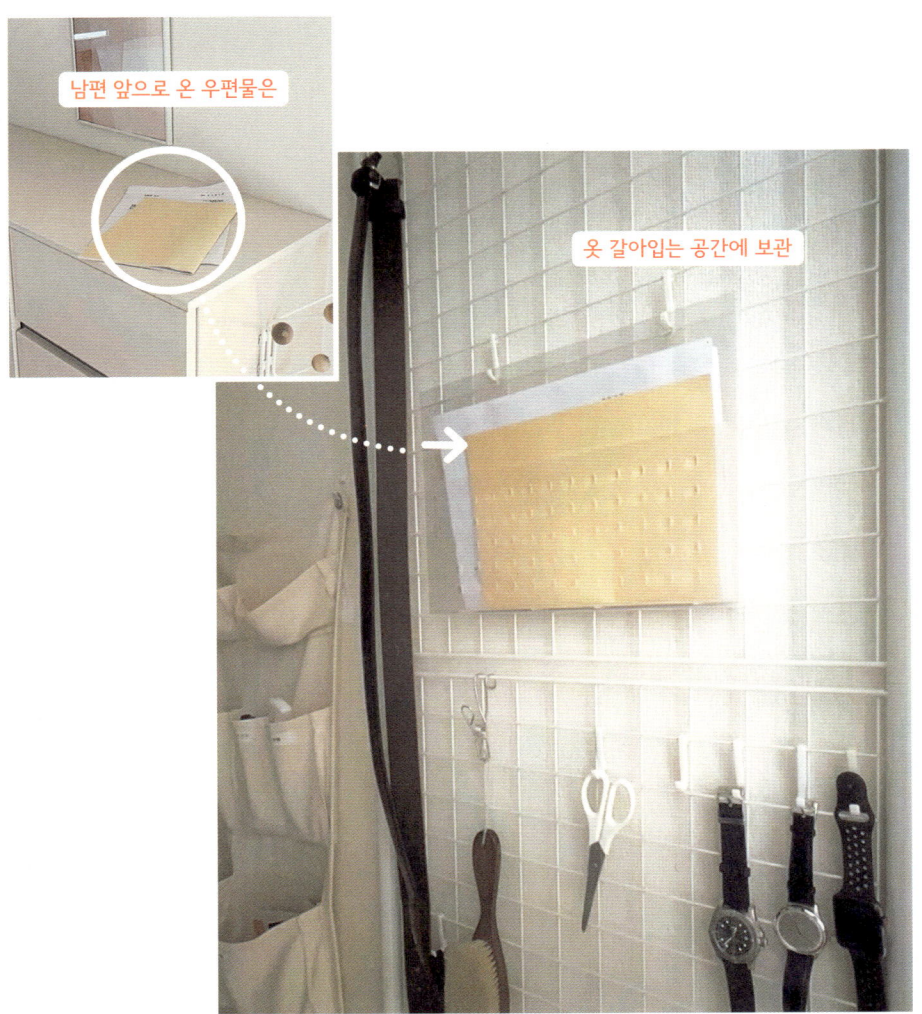

남편 앞으로 온 우편물은

옷 갈아입는 공간에 보관

남편의 우편물은 바로 처리하기 어려운 것들이 많아 현관에 꺼내놓는 것은 신경에 거슬립니다. 그래서 남편이 잘 쓰는 방에 눈높이가 맞는 곳에 캔두의 서류케이스를 우편함으로 설치. 남편도 확인하기 쉽고 다른 가족도 신경쓰이지 않아 스트레스가 없습니다.

매일 쓰는 보리차용 포트는
수납과 관리가 편한 것으로

① 정수한 물과 보리차팩을 넣고

② 뚜껑을 덮고

③

약 40 초면 완성

한 줄로 깔끔하게

수납 가능

　매일 만드는 보리차. 설거지할 부품이 많거나 뚜껑을 닫기 어려우면 소소한 스트레스가 쌓입니다. 이를 해소하기 위해 심플한 포트를 사면 편합니다. 일단 가볍고 부품은 뚜껑만 있어 설거지하기 쉽고, 높이가 낮아서 냉장고에도 쏙 들어갑니다.

수건은 1년에 한 번 교체
걸레로 바로 쓸 수 있게 보관

사용하던 수건을 전부 걸레로 만들어요

북엔드로 쓰러짐 방지

대와 소로 나누어 수납

선 채로 쉽게 꺼낼 수 있는 장소에 보관

우리 집은 큰 수건이 아니라 보통 사이즈 수건을 씁니다. 가족별, 사용 장소별로 색상을 나누는 것도 번거로워서 1년에 한 번씩 똑같은 수건을 12장 구입해요. 오래된 수건은 걸레를 만들어 청소하고 버리니까 낭비도 없어요.

자른 면이 부슬부슬
떨어지지 않는 걸레

끝을 가위로

조금 자르고

찢는다!

마지막도 가위로 자른다

수건을 반으로 접어 가위집을 낸 후, 양쪽을 당겨 찢으면 섬유가 부슬부슬 떨어지지 않습니다. 마지막도 가위로 자르면 걸레 완성. 2분의 1, 4분의 1 크기로 만들어 두면 다양한 용도로 쓸 수 있습니다.

욕조 위에 입욕제
매달아 바로 넣기

눌러만 주면 끝!

욕조 바로 위의 바에 입욕제 리필 팩을 후크로 매달아둡니다. 거꾸로 해도 짤 수 있는 헤드로 바꿔 끼웠기 때문에 욕실에 들어가면 왼손으로 입욕제를 넣으면서 오른손으로는 대야를 꺼냅니다. 불필요한 동작이 없어 목욕 시간이 더 여유로워집니다.

자꾸 잊어버린다면 라벨을 붙여 나에게 메시지

자기 전에 보습.

추운 계절에는 피부가 건조해지기 때문에 자기 전에 이중 보습을 합니다. 다음 날 아침, 피부가 촉촉해지지요. 하지만 깜빡 잊을 때도 많아요. 그래서 양치질을 한 후에 보습할 수 있도록 치약홀더에 라벨을 붙였더니 효과 만점!

집안일은 다 같이

큰아들은 욕조 청소

둘째 아들은 빨래 정리

엄마는 식사 준비, 빨래, 청소, 회사 일 등으로 너무 바쁩니다. 다 같이 살고 있는 집이니까 아이들에게 "우리 함께 하지 않을래?"라고 말했더니 흔쾌히 동의. 하는 방법을 간단히 알려 주고 아이가 할 수 있을 것 같다고 선택한 집안일을 맡겼습니다.

와이파이 패스워드를 코팅해서
빨리 꺼낼 수 있게 보관

이것을 사용!

와이파이 패스워드

암호키를 입력하세요!

손님이 왔을 때 와이파이 비밀번호를 물어보면 우물쭈물하게 되지요. 더 신속하게 대응하고 싶어서 균일가숍 코팅필름지를 구입, 큰 사이즈로 만들어 꺼내기 쉽게 만들었어요. 주방 수납장에 있는 파일에 넣어둡니다.

옷 수납장 봉에 가위를 착!
올 풀림 대책 완료

자석을 붙였어요

아침에 옷을 입으려고 할 때 올이 풀려있다면? 바쁜데 가위를 가지러 나가야 한다면 허둥지둥하기 쉽습니다. 옷이 걸려있는 봉에 자석으로 가위를 붙여두면 자르려는 타이밍에 바로 자를 수 있어요.

제철 옷과 그외 계절 옷을 가까이 보관하면 빠른 옷장 정리 가능

그 외 계절 옷 하의

그 외 계절 옷 상의

제철 옷 하의

제철 옷 상의

형제 2 명 분량이
넉넉하게 들어가요

    옷장 정리는 1년에 4번. '귀찮다'라는 생각이 들지 않도록 순식간에 옷장 정리를 할 수 있는 시스템을 만들었어요. 제철 옷 위쪽에 그 외 계절 옷을 수납하는 것입니다. 갑작스러운 날씨 변화에 바로 대응할 수 있어요.

만지지 마세요

'만지지 마세요' 라고
말할 필요 없이 라벨링

{ 만지지 말아야 하는
스위치는 라벨링 }

부엌 뒷문의 조명은 센서식이라 스위치를 항상 켜둬야 합니다. 하지만 바로 아래에 거울 조명 스위치도 있어서 남편이 무심코 둘 다 꺼버리는 경우가 많아요. 굳이 말하지 않아도 되도록 라벨을 붙여 대책을 세웠습니다.

식탁과 가까우니까
바로 꺼낼 수 있어요

{ 얼굴 스팀기는
식탁 근처 수납 }

제가 얼굴 스팀기를 사용하는 곳은 식탁. 여기에 앉은 채로 바로 꺼낼 수 있도록 식탁 옆에 있는 서랍 맨 밑에 수납 공간 확보. 휴식 시간이 더 쾌적해졌습니다.

이거 무슨 코드야?는 마스킹 테이프로 해결

아이용은 블루, 나는 핑크

색깔로 누구 것인지 금방 알 수 있어요 !

거실에서 드라이어를 사용하는데 '아이들용', '엄마용' 두 개입니다. 화장실에는 '아빠용'도 있어서 콘센트에 꽂을 때 '이거 누구 거야?'라고 묻기 십상입니다. 눈에 잘 띄는 색깔의 마스킹 테이프를 가족별, 물건별로 붙여두니 쓰기 편해졌어요.

마스크 무단 투기를 막기 위해
현관에 임시휴지통 설치

매직테이프로 붙였어요

아이들이 학교에서 돌아오면 거실에 마스크를 그냥 던져두기 일쑤. 어떻게 하면 쉽게 버릴 수 있을까? 라는 고민 끝에 현관 신발장에 매직테이프로 쓰레기봉투 설치. 신발을 벗을 때 내친김에 버릴 수 있으니 무리 없이 잘 이용 중.

처방약은 잊어버리지 않도록
눈에 잘 띄는 곳에

투명 보호 스티커에

자석판을 붙여서

처방약은 병원에 다녀온 날부터 얼마간은 습관적으로 복용해야 합니다. 혹시라도 잊어버리지 않도록 식탁 옆에 자석 보조판을 붙이고 자석 집게로 처방한 약을 집어서 띄워놓습니다.

{ 반창고함이 있는 수납장 문 안쪽에
쓰레기봉투 설치 }

버린다

사용한다

여기에 선다

반창고를 쓰고 쓰레기를 그냥 놔두는 게 소소하게 스트레스. 휴지통이 멀리 있어 버리러
가는 것이 귀찮다보니 그냥 두는 것입니다. 그래서 반창고함 근처에 휴지통도 설치. 쓰는 것
과 버리는 것이 거의 동시에 가능해서 이제 어질러지지 않습니다.

싱크대에 핸드 크림
설거지한 김에 핸드 케어

핸드워시　주방세제

핸드 크림이 들어있어요

겨울에는 잠깐만 방심해도 금방 손가락이 갈라지고 손에 주름이 생깁니다. 하지만 핸드 크림을 바르는 것도 귀찮습니다. 낮에는 젖은 손으로도 사용할 수 있고 바로 씻어내도 보습이 되는 제품을 선택. 싱크대 세제 옆에 두고 설거지할 때마다 핸드 케어.

영양제는
눈에 잘 띄는 곳에 수납

1 매직테이프를 전체적으로 붙이고

2 선반 밑에 착

3 라벨링도 한다 / 엄마

4 서 있을 때 꺼내기 쉬운 위치

제자리에 다시 넣기가 귀찮아 식기장에 그냥 올려놓게 되는 영양제. 근처 선반 아래에 부착식 서랍을 매직테이프로 붙이면 꺼내기도 쉽고 겉모습도 깔끔.

건전지와 드라이버는
세트 보관

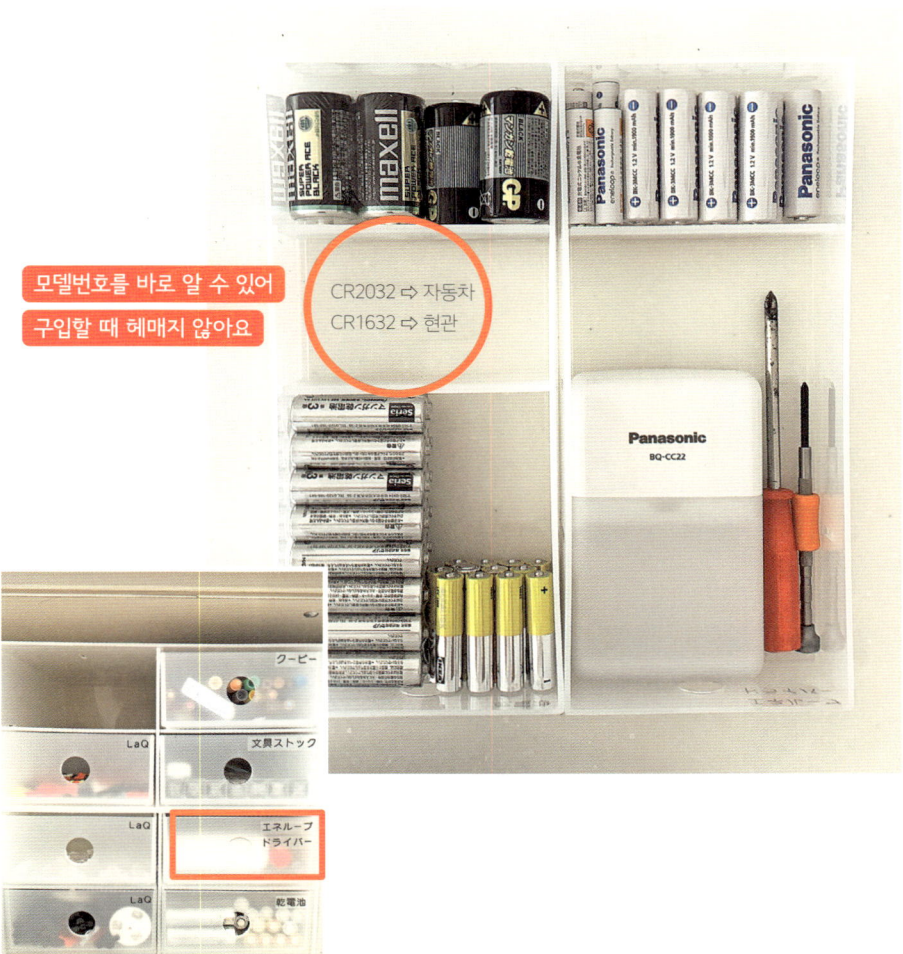

모델번호를 바로 알 수 있어

구입할 때 헤매지 않아요

CR2032 ⇨ 자동차
CR1632 ⇨ 현관

충전지와 일회용 건전지, 코인 건전지를 구비해둡니다. 기본적으로 충전지를 쓰는데 배터리가 떨어지면 '이 건전지'라고 바로 알 수 있도록 하단에 모델번호 라벨링. 드라이버를 함께 넣어두면 교체도 원활하게 할 수 있어요.

택배 개봉에
필요한 용품은 세트로

개인정보 보호용 스탬프

박스용 커터칼

미니 자석을
마스킹테이프로 붙여놨어요

택배가 도착하면 박스를 열고 송장 스티커를 떼어내는 것이 귀찮습니다. 세리아의 개인정보 보호용 스탬프는 주소와 이름을 바로 숨길 수 있어 번거로움이 확 줄어요. 미니 자석으로 커터칼과 함께 보드에 붙여둡니다.

자주 쓰는 카드와
가끔 쓰는 카드는 따로

여기에 들어있어요

평소 지갑에는 한 달 이내에 쓸 카드만 넣고 다닙니다. 그 외에는 자주 쓰는 카드(6개월에 한 번 정도)와 가끔 쓰는 카드(연단위)로 나눠서 찾는 수고를 최소한으로 줄여서 보관.

이렇게 띄웠어요

발디딤대는 필요한 모든 장소에 둔다

발디딤대가 필요할 때 얼른 사용할 수 있도록 거실, 현관, 옷장, 방에 둡니다. 다른 곳에서 가져오는 시간도, 다시 가져다 놓는 시간도 아깝고 번거롭기 때문입니다. 벽과 잘 어우러지는 니토리의 흰색 발판을 선택해서 꺼내두어도 눈에 거슬리지 않아요.

여기에 넣었어요

갑작스러운 경우에 대비

비상시 도움 되는 현금 상자

필기구와 함께 현금을 수납. 현금이 필요할 때 즉시 꺼낼 수 있도록 준비해 두었습니다. 케이스는 균일가숍에서 샀는데 윗단에는 동전, 아랫단에는 지폐로 나누어 수납할 수 있어 편리합니다.

음식물 쓰레기는 저온냉장칸에 보관

음식물 쓰레기 냄새가 싫고 날파리도 싫습니다. 우리 집은 비닐봉지에 음식물 쓰레기를 모은 다음, 냉장고 저온냉장칸에 얼기 직전의 상태로 임시보관합니다. 밖에 쓰레기를 버리러 가는 타이밍에 수거하기 때문에 냄새가 나지 않고 쾌적.

계속 늘어날 수 있는 후리카케는 그대로 보관

후리카케는 항상 다른 용기에 옮겨 담아 사용했는데 종류가 많아지면서 새로운 것이 늘어나니 보관할 곳이 없어 자꾸 어질러집니다. 그래서 대충 넣는 수납으로 변경. 상황에 따라 달라지는 물건은 그때그때 가장 좋은 방법을 채택합니다.

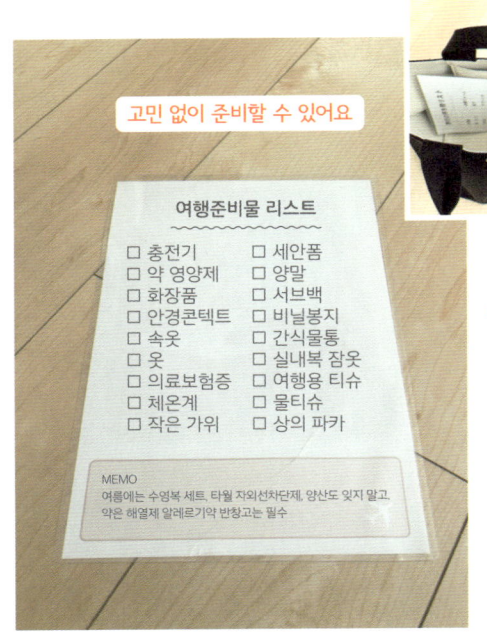

고민 없이 준비할 수 있어요

여행준비물 리스트

☐ 충전기 ☐ 세안폼
☐ 약 영양제 ☐ 양말
☐ 화장품 ☐ 서브백
☐ 안경콘텍트 ☐ 비닐봉지
☐ 속옷 ☐ 간식물통
☐ 옷 ☐ 실내복 잠옷
☐ 의료보험증 ☐ 여행용 티슈
☐ 체온계 ☐ 물티슈
☐ 작은 가위 ☐ 상의 파카

MEMO
여름에는 수영복 세트, 타월 자외선차단제, 양산도 잊지 말고
약은 해열제 알레르기약 반창고는 필수

코팅해서 가방에

여행 준비물 리스트를 만들어 두면 생각할 필요가 없다

여행 준비로 '뭐가 필요했더라?'라고 고민하는 것은 피곤한 일이므로 필요한 물건을 큐시트로 만든 다음, 균일가숍 코팅 필름지에 넣어 오래 사용할 수 있도록 보관. 여행용 가방에 넣어두면 바로 준비할 수 있고, 빠뜨릴 걱정도 없습니다.

여행짐은 컬러별 주머니에 정리

여행지에서 물건이 어디에 들어있는지 몰라 가방 속을 정신없이 뒤지곤 합니다.
심플하게 찾을 수 있도록 이케아 메시 파우치로 한 사람당 하나씩 'MY 주머니'를 만들고 무인양품의 컬러 태그를 달아 식별. 여행에서 돌아오면 그대로 세탁기에 넣어요.

가족별로 색상 구분

화장품에 같은 색깔 스티커를 붙인다

같은 회사의 메이크업 제품을 색깔별로 가지고 있으면 열어보지 않고는 무슨 색인지 알기 어렵습니다.

시간단축을 위해 제품과 같은 컬러의 원형스티커를 붙이면 메이크업 속도가 훨씬 빨라집니다. 간단한 아이디어로 아침시간을 더 쾌적하게 보낼 수 있어요.

케이스가 같아도 무슨 색인지 바로 알 수 있어요

자석을 붙였어요

립밤과 핸드크림은 바르기 편한 곳에 붙여둔다

자주 쓰는 립밤과 핸드크림은 생활 동선상 눈에 잘 띄는 곳에 둡니다. 작은 강력 자석을 마스킹테이프 또는 접착제로 뒷면에 붙여주면 보드에 착 달라붙어요. 외출할 때는 얼른 가방에 넣었다가 귀가 후, 다시 여기에 붙여둬요.

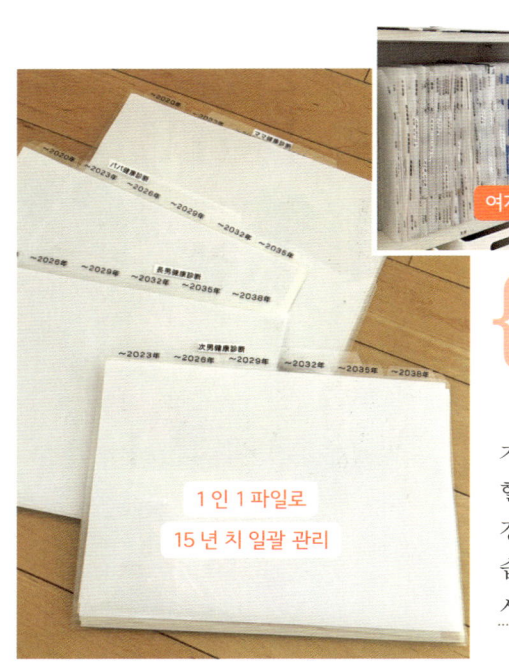

여기에 넣어요

1인 1파일로
15년 치 일괄 관리

건강검진이나 병원 검사 결과지 모아 두기

　학교에서 받은 아이의 건강 검진 결과지는 보관해야 하지요. 건강검진이나 채혈 검사, 알레르기 검사 등의 결과까지 건강에 관한 서류를 한꺼번에 보관하고 있습니다. 가족별로 폴더에 정리해 두면 다시 볼 때 편해요.

이것을 사용!

예쁜 포장지나 쇼핑백은 편지 봉투로

　시판되는 봉투는 뭔가 단조롭고 멋이 없습니다. 그래서 안 쓰는 포장지나 선물 받은 물건의 예쁜 포장지, 귀여운 종이봉투는 편지 봉투로 리메이크합니다. 세리아의 '수신자명 스티커'를 붙이면 귀여운 편지 봉투로 대변신.

이것을 사용!

자석으로 붙였어요

{ 현관문에 도장을 붙여두면 택배 수령 편리 }

우리 집 현관문은 자석이 붙어서 도장을 붙여둘 수 있습니다. 작은 강력자석을 접착제로 도장에 붙였습니다. 택배기사님을 기다리게 하지 않고 빨리 찍을 수 있도록 현관문 손잡이 근처에 붙여둡니다.

* 일본은 택배 수령시 도장이 필요합니다.

{ 가방 안 수납은 지퍼백 사용 }

가방에는 항상 필요한 것만 담습니다. 파우치는 더러워지면 빠는 것도 일이라 쉽게 바꿀 수 있는 지퍼백을 사용합니다. 화장품은 메이크업 파우치에 넣는다는 고정관념을 버리고 깔끔하고 위생적으로 관리.

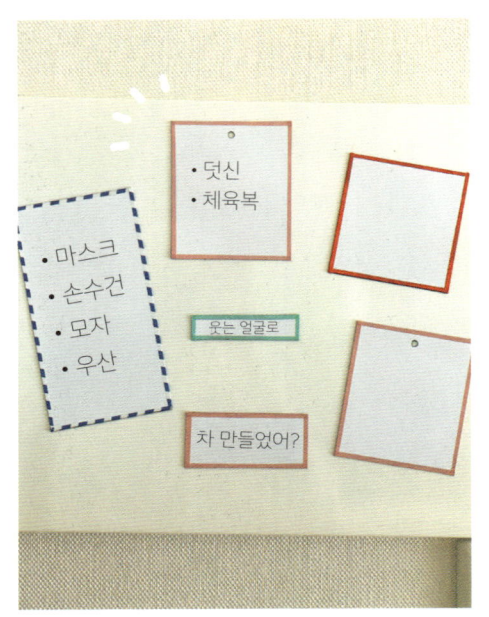

일상 루틴
집안 곳곳에 붙여두기

준비해야 할 것이나 유지하고 싶은 습관 등, 잊어버린다면 써놓으면 됩니다. 그래서 준비한 것이 큐시트. 양면을 사용할 수 있는 자석 판에 써서 냉장고나 현관, 앉는 장소 등에 붙여둡니다. 적혀있으면 생각할 시간이 줄어 기분도 상쾌.

ZOOM!

수건걸이에 걸었어요

다음날 가져갈
우산 자리 만들어 두기

우산을 잊지 않기 위해 전날 현관 신발장 밖에 수건걸이를 걸어둡니다. 지금 사용하는 것은 균일가숍에서 구매한 것. 투명이라 눈에 잘 띄지 않고 가로 폭이 넓어 우산 3개는 쉽게 걸 수 있는 것도 포인트.

잠자리에 들기 전 보습 케어는 머리맡 벽에 띄워둔다

머리 맡 벽에 먼저 마스킹 테이프를 붙이고 그 위에 양면테이프를 붙인 화이트 양철판을 달았어요. 띄워서 수납하는 공간으로 활용. 이불에 누운 채로 입술과 손 관리를 할 수 있고 아이가 가렵다고 하면 바로 연고를 발라줄 수 있어요.

아이들 아토피 연고도 여기에

가위로 잘라버렸어요

뚜껑을 여는게 귀찮다면 자른다

뚜껑 때문에 쓰기 힘들다는 생각이 들면 뚜껑을 가위로 잘라버리세요. 사용하기 힘들다고 생각하면서 참는 것은 소소한 시간이라도 아깝습니다. 잘라버리면 동작이 하나 줄어서 편해집니다.

정리를 못 하는 것은 사람 탓이 아니라 시스템 탓
수납은 온 가족이
함께 생각한다

'가족들이 어질러놓고 치우지 않는다' 이런 이야기를 많이 듣습니다. 중요한 것은 정리정돈을 못 하는 것은 결코 사람 탓이 아니라 시스템의 문제라는 것입니다. 사용 장소와 수납 장소가 떨어져 있으면 다 쓴 다음, 제자리에 갖다 두는 것이 힘드니까 그냥 꺼내놓게 되는 것이지요.

먼저 사용하는 장소 근처에 물건을 수납할 것, 다음은 물건 소유자의 의견을 우선 적으로 고려해서 좋은 방법을 고안할 것. 무심코 엄마가 '이렇게 하는 게 쓰기 편하 겠지'라고 다른 가족의 수납 공간을 정리하기 쉽지만, 이것은 요요의 원인이 될 수도 있습니다.

아무리 가족이라도 모두 성격이 다르지요. 쉽다고 생각하는 방법도 모두 달라요. 유한한 시간일수록 소중한 가족들과 사이좋게 살고 싶습니다.

모두 자연스럽게 집안일을 할 수 있도록 만드는 요령

- 동작수가 하나라도 적은 간단한 수납을 고민한다.
- 다음 행동을 의식하고 동선을 생각하면서 수납을 고려한다.
- 사용할 때보다 제자리에 갖다 두기가 더 어렵다는 점을 의식한다.
- 장난감 수납은 아이에게 일임하면 스스로 정리하게 된다.
- 아이가 어려서 못 한다고 생각하지 말고 혼자 할 수 있는 구조를 제안한다.

제 6 장

스트레스 제로
육아 요령

아이들 깨우는 일은
기계에 맡긴다

① 인공지능이 일기예보를 알려준다

② 자동으로 커튼이 열린다

③ 커튼이 열리고 텔레비전이 켜진다

④ 햇빛에 자연스럽게 눈이 떠진다

육아도 기계의 도움을 받아요. 설정해 두면 아침 6시 15분에 인공지능이 오늘의 일기예보를 알려줍니다. 동시에 거실과 방의 커튼이 열리고 텔레비전도 켜집니다. 햇빛과 소리 덕분에 저절로 눈이 떠집니다.

필요한 물건은 후크에
걸어서 건망증 방지

모자 안에 손수건 , 마스크 ,
양말 , 보조가방과 물병까지

ZOOM!

이름표 . 손수건
마스크 양말

넣을 것을 라벨링

아침에 외출할 때 '마스크가 없어', '손수건 챙겼어?' 하고 발을 동동 구르는 것이 싫습니다. 전날 밤, 이케아 후크에 모자를 걸고 그 안에 필요한 소품류를 모두 넣어둡니다. 이렇게 하면 아침 시간을 느긋하게 보낼 수 있어요

서예 수업이 있는 요일을 옷장에 라벨링

두꺼운 금색 라벨이
눈에 확 들어와요

붓글씨 월 수

서예 수업이 있는 날, 무심코 흰옷을 입혀 보낸 적이 몇 번인가 있었습니다. 무슨 요일인지 자꾸 잊어버려서 옷장에 금색 라벨에 해당 요일을 라벨링. 거실에서 봐도 반사되어 빛나기 때문에 눈에 띄고 옷을 걸 때 한 번 더 기억할 수 있어요.

책가방 근처에 스탠바이

여기에 넣었어요

{ 문구류는 1년 치를
대량 구매 & 수납 }

　풀을 다 썼거나 테이프가 떨어졌다고 매번 사러 가는 것은 매우 번거롭습니다. 풀 6개, 접착제 4개, 네임펜 4개, 테이프 4개 등 소모가 잦은 상품을 한꺼번에 사서 상자에 넣어두면 한 번의 쇼핑으로 1년이 한결 편해집니다.

태블릿도 세트

숙제할 때는 이 박스만

{ 여름방학 숙제는
한데 모아 수납 }

　어질러지기 쉬운 학용품들. 무인양품 파일박스에 필요한 것들을 모아 책상 한 구석에 두면 재빨리 숙제를 시작할 수 있는 시스템이 완성됩니다. 후크에 사칙연산카드를 걸고 시간을 잴 타이머, 확인용 도장이나 빨강펜도 여기에. 정리도 간편합니다.

프린트물은
한 걸음도 움직이지 않고 처리

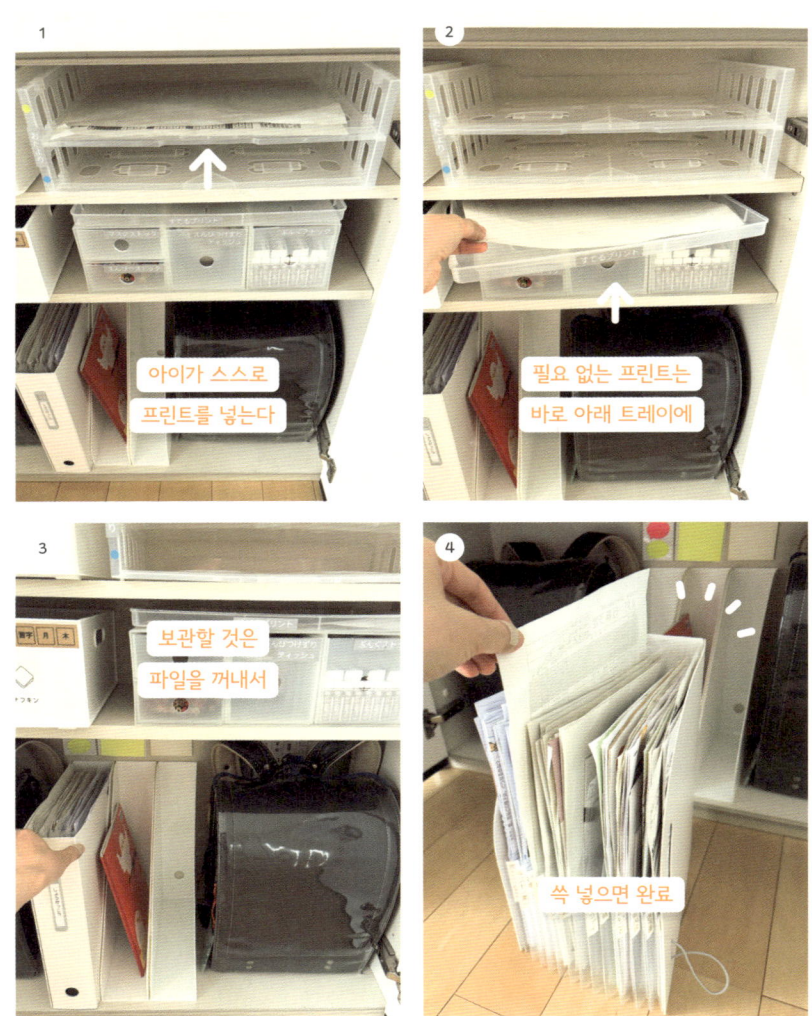

1 아이가 스스로 프린트를 넣는다

2 필요 없는 프린트는 바로 아래 트레이에

3 보관할 것은 파일을 꺼내서

4 쓱 넣으면 완료

책가방 수납장 안에 상자를 놓고 ①아이가 직접 프린트를 넣게 합니다. ②저는 그 프린트를 확인한 후, 필요없는 것은 '버리는 프린트'함에 넣습니다. ③④보관할 것은 파일에 넣습니다. 이 흐름을 앉은 채로 진행할 수 있어 편합니다.

아이들 옷장은 그 자리에서 갈아입고 저절로 정리하는 시스템

여기에 선다

내 색깔 옷걸이를 꺼낸다

벗은 잠옷은 상자에 휙

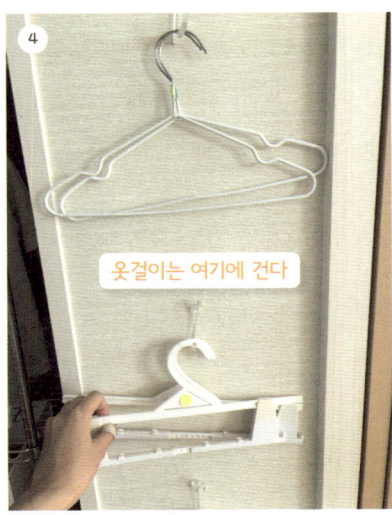

옷걸이는 여기에 건다

옷장 수납 공간에는 아이들 손이 닿는 높이에 옷을 걸었습니다. 옷걸이에는 가족별로 다른 색 스티커를 붙여 한눈에 자기 옷임을 알아볼 수 있도록 했어요. 벗은 잠옷을 바닥에 방치하지 않도록 바로 근처에 던져넣기만 하면 되는 수납 박스도 구비.

책가방 + 도장 세트 수납
알림장에 바로 사인

여기에 붙여둡니다

빼서 재빨리 찍을 수 있어요!

알림장을 체크하면 바로 확인 도장을 찍고 싶습니다. 하지만 매일 책가방을 여기저기에 두니까 근처에 도장이 없어 찾으러 가는 것이 귀찮았어요. 그래서 미니도장을 책가방에 직접 매달았더니 해결되었습니다.

색상으로 구분하면 1초 만에
원하는 파일을 꺼낼 수 있다

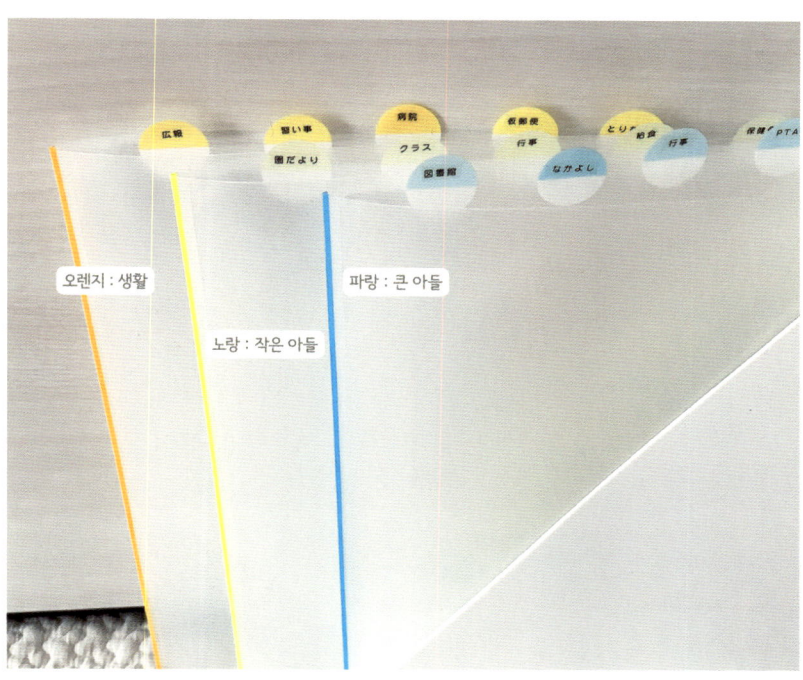

오렌지 : 생활

파랑 : 큰 아들

노랑 : 작은 아들

포스트잇을 인덱스로 활용

책등에 마스킹테이프를
붙여서 사용

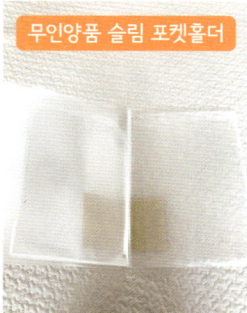

무인양품 슬림 포켓홀더

집안 곳곳의 물건을 아이들이 좋아하는 색으로 관리. 매일 학교 등에서 받아오는 인쇄물은 자주 쓰는 서류만 엄선해 파일 하나에 보관. 책등 부분과 포스트잇을 컬러로 구분했기 때문에 쉽게 꺼낼 수 있습니다.

거실 학습 아이템은
식탁 밑에 띄운다

지우개 가루 청소 후
바로 제자리에

연필도 앉은 채로 깎아요

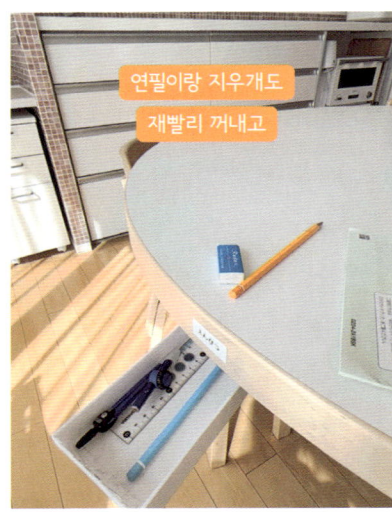

연필이랑 지우개도
재빨리 꺼내고

정리하기 편하게
간단한 교재수납도 가능

    후크와 균일가숍 상품을 이용해 학습용품을 앉은 자리에서 꺼낼 수 있게 수납했습니다. 숙제하자, 밥먹자, 놀자 등 하려고 생각한 타이밍에 바로 시작할 수 있도록 식탁 위를 늘 깔 끔하게 관리합니다. 치우라고 잔소리할 필요도 없어요.

연필과 꼭 닮은 필기감

연필 샤프라면 깎는 수고를 줄일 수 있다

식탁 아래 문구 수납함에 연필을 넣다 뺐다가 하면 식탁이 더러워집니다. 닦는 게 귀찮아서 집에서는 연필처럼 생긴 고쿠요의 연필 샤프를 사용. 연필심을 깎는 번거로움도 덜 수 있고 식탁도 깨끗하게 유지할 수 있습니다.

연필처럼 생긴 것으로 바꿨어요!

획획 던져넣어요

세탁망으로 건망증 방지용 수납 공간

아이들 책가방 수납장 문 앞에 세탁망을 설치. 축구용품 등, 다음날에 필요한 것을 획획 던져넣어요. 아침에 '이게 없네'라고 당황할 일도, 잊어버리고 그냥 나가는 일도 없습니다. 부피가 큰 인형 수납에도 안성맞춤.

접착식 대형 벽걸이 후크에 책가방 걸기

앉아서 한 걸음도 움직일 필요 없이 숙제 가능!

집에 있는 가구에 붙여서 사용 가능

이것을 사용!

쓰리엠의 '코맨드 후크' 중에 내하중이 4.5kg, 6.8kg인 대형 벽걸이 후크가 있는데 식탁 다리에 붙이고 책가방을 걸면 편리합니다. 책가방 전용책이 없어도 되고 필요없어지면 다른 곳에서 사용할 수 있어서 좋아요.

서류나 문구류 정리는
균일가숍 상품으로 나만의 스타일로

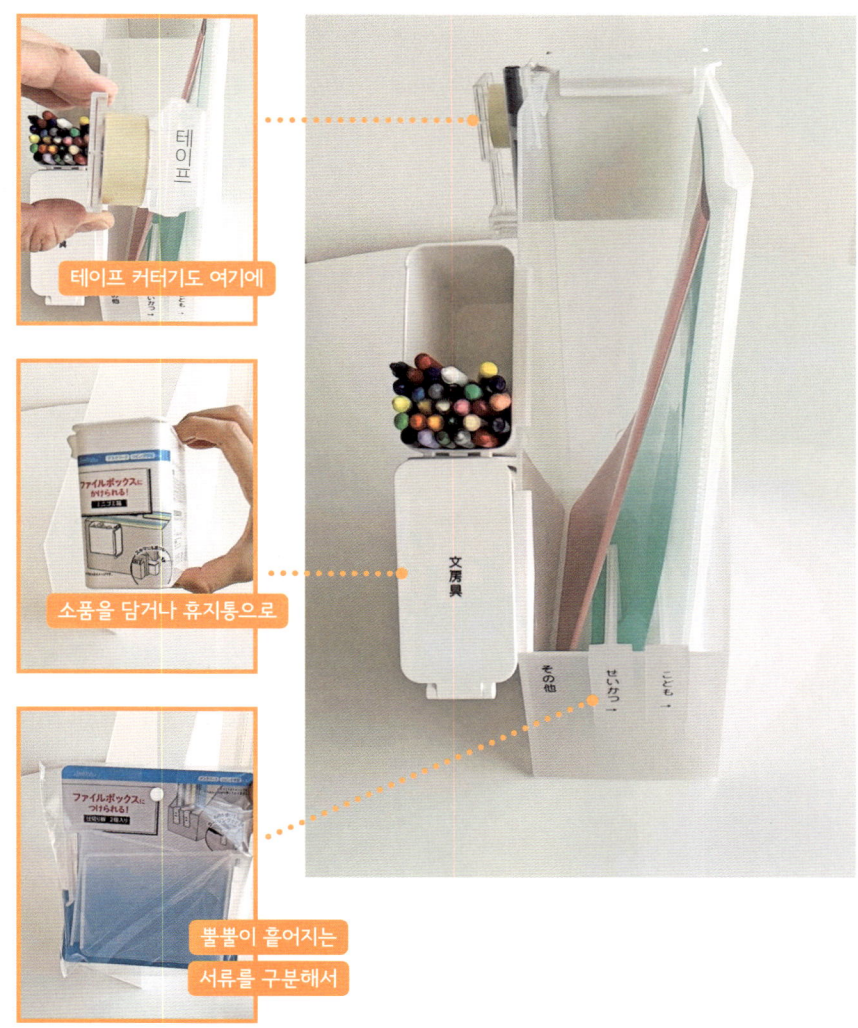

테이프 커터기도 여기에

소품을 담거나 휴지통으로

뿔뿔이 흩어지는

서류를 구분해서

그림 그리기 세트나 재택 근무 세트 등은 파일박스에 일괄 보관. 세리아의 '파일박스에 걸 수 있는 시리즈'를 조합해서 서류와 잡동사니를 나만의 스타일로 쓰기 쉽게 정리하면 편리하고 지저분해지지 않습니다.

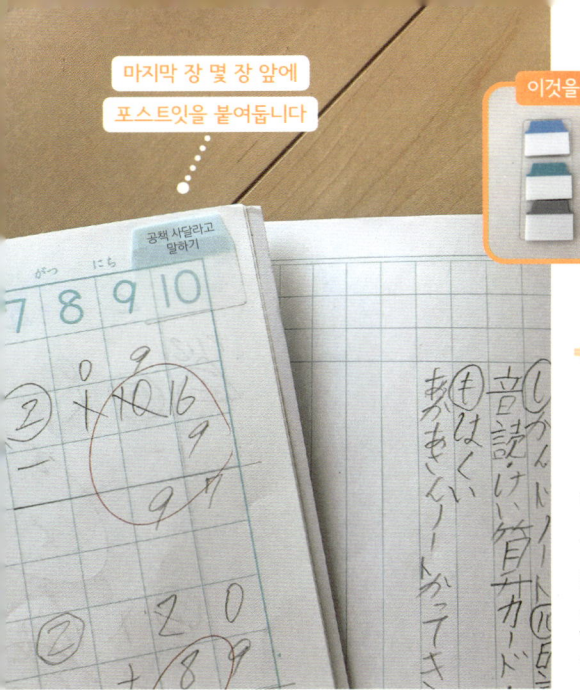

마지막 장 몇 장 앞에
포스트잇을 붙여둡니다

이것을 사용!

'노트 다 썼어요'를 포스트잇 한 장으로 해결

아이가 갑자기 노트를 다 썼다고 했을 때 바로 사지 못할 경우도 있습니다. 다 쓰기 전에 이야기하는 습관을 아이에게 정착시키기 위해 마지막 장에서 몇 페이지 앞부분에 라벨을 붙여둡니다. 내구성이 좋은 포스트잇이라면 반복해서 쓸 수 있어요.

여기에 넣었어요

클리어 파일에 모아서 보관

추가 구입이 필요한 노트는 새 학기에 더 사서 보관

새 학기가 되면 국어와 수학 공책을 반드시 사러 가는데 이때 같은 공책을 한 권씩 여분으로 사서 보관하면 편리합니다. 세리아의 'A4폴더인백'에 라벨링 한 후, 학교 관련 서류 보관함에 넣어둡니다.

방학 시작과 함께
부족한 물감을 바로 구입

얼마 남지 않은 색깔은
가방에 스탠바이

새 상품은 대략 24g 정도

14g 이하가 되면
새것을 구입

여름방학을 조금이라도 편안하게 보내기 위해 방학 시작과 동시에 부족한 물감을 사둡니다. 한 개씩 무게를 체크해서 14g 밑으로 줄어든 색을 더 사두면 학기 중에 소진될 걱정에서도 해방.

식탁에서 자주 쓰는
문구 & 클립도 띄워서 수납

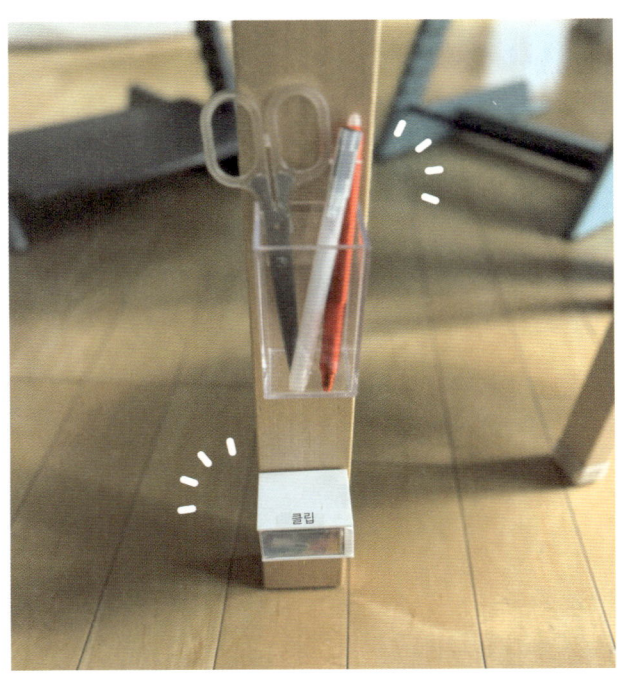

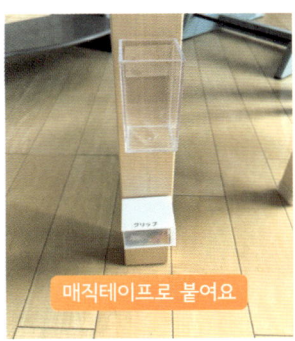

매직테이프로 붙여요

한 손으로 재빨리

꺼낼 수 있어요

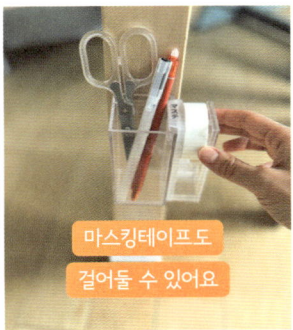

마스킹테이프도

걸어둘 수 있어요

가위나 펜 같은 문구류와 클립은 식탁에서 자주 쓰기 때문에 식탁 다리에 띄워서 수납합니다. 두 케이스 모두 균일가숍에서 샀고 매직테이프로 붙였어요. 앉은 채로 꺼낼 수 있어서 좋습니다.

물안경 이름표는
비닐테이프로

1 비닐테이프를 사용해요

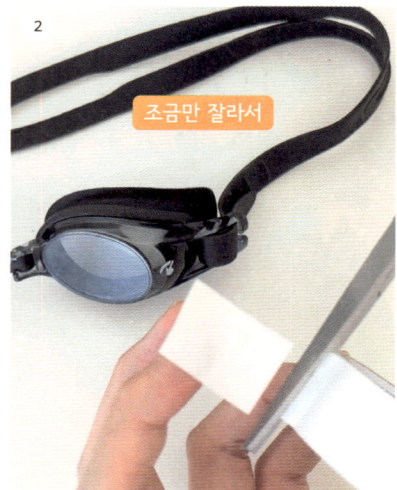

2 조금만 잘라서

3 여기에 붙이고

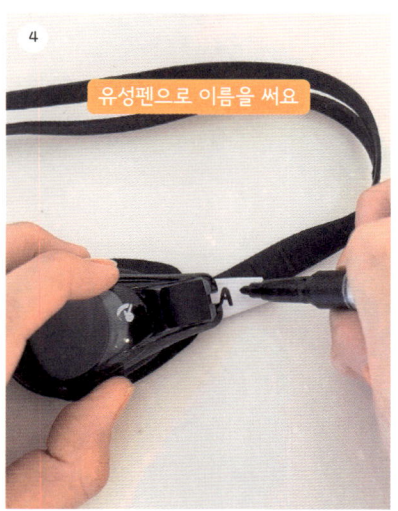

4 유성펜으로 이름을 써요

이름 쓸 곳이 마땅치 않은 물안경에는 다이소에서 살 수 있는 화이트 비닐테이프를 붙이고 유성펜으로 쓰면 OK. 조금 잘라 끈 부분에 붙이면 매주 사용하고 씻어도 떨어지지 않고 잘 버팁니다.

그림물감

식구 별로 세로로 정리하면

꺼내기 편해요

수영장 용품은 한곳에 모아 수납

막상 수영장에 가기로 해도 비치볼이 없다, 튜브가 없다며 찾아다니기 십상. 가족 모두의 수영복, 튜브, 에어펌프, 가방, 수건 등을 전부 한 곳에 모아두면 찾는 시간이 절약되고 즐거운 마음 그대로 바로 출발할 수 있어요.

여기에서 대기

수납장 안에 포스트잇 걸어두고 메모

불규칙하게 가져가는 준비물을 잊지 않도록 메모하는 데 안성맞춤인 포스트잇. 두꺼운 종이를 포스트잇보다 큼직하게 잘라서 펀치로 구멍을 뚫은 다음, 양면테이프로 포스트잇과 두꺼운 종이를 맞붙여 줍니다. 책가방 수납장 안에 후크를 붙이고 걸어두면 사용하기 쉽고 편리.

잘 보이는 곳에 메모해서 붙여요

가끔 쓰는 학용품은 대충 모아두기

우리 집 단골 수납 상자인 무인양품의 소프트박스. 여기에 여름방학에만 쓰는 원고지나 새학기에 꼭 챙겨야 하는 걸레. 조리 실습 시간에 가끔 사용하는 앞치마 등을 한꺼번에 넣어둡니다. 필요할 때 이곳을 열면 바로 찾을 수 있어요.

걸레는 졸업 때까지 필요한 양을 전부

ZOOM!

'교과서' 라고 라벨링

다 쓴 교과서는 상자에 한데 모아 1년 보관

작년 교과서를 처분할까 고민하다가 일단은 골판지 상자에 '교과서'라고만 라벨을 붙이고 1년 치를 보관하고 있습니다. 처분은 언제든 가능하니까 공간이 있다면 보관하는 것이 안심.

이름과 학년을 라벨링

통지표는 한 권으로 관리

세리아의 'A4 폴더인백'에 아이별로 6년 분량을 라벨링. 포켓이 나누어져 있어 넣기 쉽고 필요할 때 바로 꺼내 볼 수 있습니다. 저학년 때 한번 만들어 두고 통지표를 받을 때마다 여기에 넣기만 하면 됩니다.

ZOOM!

학년별로 나누어서 상자에 넣어요

작품과 상장 보관은 A3 클리어파일이 최고

학교에서 들고 온 큰 그림이나 상장을 그냥 상자에 넣어 보관하면 뒤죽박죽이 됩니다. 그래서 세리아에서 찾아낸 것이 'A3 클리어폴더'. 그림과 상장 모두 A3사이즈 이상인 것은 없을 테니까 안심. 학년별로 클리어파일에 정리합니다.

진열이 끝난 작품은 수납함 보관

그림이나 상장을 제외한 입체 작품은 일단 거실에 장식했다가 휙 넣을 수 있는 골판지 상자에 수납. 앞면이 약간 열려있어 전체를 꺼내지 않아도 넣을 수 있어 편리합니다.

'입체작품'이라고 라벨링

여기에 수납했어요

모아두면 또 놀고 싶을 때

이동이 편해요

간직하고 싶은 장난감은 모아서 2층 수납

아직은 버리고 싶지 않지만, 지금은 쓰지 않는 장난감은 2층에 보관합니다. 언제든 추가할 수 있도록 서랍식 골판지 상자에 넣어둡니다. 사이드에 손잡이가 달려있어 그대로 들고 다니면서 놀 수 있는 것도 장점.

{ 작품은 거실 벽에 장식 }

이것을 사용 !

매직테이프

마스킹테이프

마스킹테이프 +
매직테이프를 붙이고

작품을 착 !

아이들이 집에 작품을 갖고 오면 한동안은 거실에 장식해 둡니다. 마스킹테이프를 겹쳐서 벽지에 붙이고 그 위에 작은 매직테이프를 붙인 다음, 작품을 착 고정합니다. 작품 뒷면에도 마스킹테이프를 붙여두면 떼어낼 때 작품이 손상되지 않아요.

과자는 서 있는 상태에서
내용물이 보이는 곳에 수납

자질구레한 과자는 아랫단

박스째로 거실로
가져가지 않아도 돼요

큰 봉지 과자는 그 윗단에

저녁에는 늘 과자 상자로 어질러져 있는 거실. 왜 그럴까를 심층분석 해보니 다 꺼내서 그대로 거실로 들어오는 것이 원인이었습니다. 서 있는 상태에서 내용물이 다 보이는 위치로 옮겼더니 어질러지지 않습니다.

소프트웨어는 본체와 함께 수납

이것을 사용!

가방에도
깔끔하게 들어가요!

재빨리 위에서
꺼낼 수 있어요

여기를 본체에
걸기만 하면 됩니다

게임을 무척 좋아하는 아이들. 소프트웨어를 교체할 때 '케이스를 가지러 가서 열고 꺼낸 다'처럼 단계가 많아 시간이 걸립니다. 도크본체에 걸어서 쓸 수 있는 소프트웨어 수납함은 놀면서 바로 교체할 수 있고 어질러지지도 않습니다.

앞쪽에 라벨링

카드게임류는
한꺼번에 보관

오셀로 게임은 보관함에서 꺼낸 다음, 다시 본 상자에서 꺼내야 하는 것이 번거롭습니다. 그래서 상자를 처분했어요. 트럼프나 카루타같은 카드 게임류와 함께 상자에 정리하고 꺼내는 방향 앞에 라벨을 붙여 알아보기 쉽게.

여기에 수납했어요

클리어파일에 담아

색종이는
색상별로 수납

장수가 많고 색상도 다양한 종이접기용 색종이. 하늘색을 꺼내려고 할 때 다른 색들까지 뒤죽박죽이 돼버려요. 작은 사이즈의 클리어 파일에 색상별로 넣으면 원하는 색을 빨리 꺼낼 수 있어요.

북엔드로 정리

긴 장난감 칼은
우산꽂이 활용해 수납

이렇게 걸었어요

장난감 중에 가장 긴 검. 매일 휘두르며 신나게 노는 아이들이라 수납을 고민하다가 균일가숍에서 맘에 쏙 드는 우산꽂이를 발견. 장난감 수납장 문 앞에 수납할 수 있고 꺼내기 쉬워 바로 가지고 놀 수 있어요.

여기 들어있어요

이름별로 대충 수납

과자에 딸려오는 장난감 수납함을 만든다

과자를 사면 덤으로 주는 스티커나 카드가 늘 책상에 어질러져 있어 확 버려버릴까, 고민해 본 적 있으신가요? 저는 버리고 시치미를 뗀 경험이 있습니다. 서랍 하나에 아이 이름을 붙여 제자리를 만들어 두면 부모도 아이도 스트레스 없이 생활할 수 있습니다.

이렇게 띄워놨어요

머리 맡에서 대기

잠자기 전 읽는 그림책은 후크로 벽에 수납

도서관에서 빌린 그림책을 잠자기 전에 읽기도 해서 심플하게 수납하고 싶습니다. 하지만 따로 수납 선반을 놓고 싶지는 않았어요. 그래서 생각해 낸 것이 후크를 이용해 그림책을 올려놓는 방법. 내하중이 2kg이고 구멍이 눈에 띄지 않아 마음에 들어요.

장난감 상자는
일년에 한 번 같이 재검토

① 먼저 각자 자기 상자 안의 장난감을 전부 꺼내

형의 상자

동생의 상자

② 필요한지 필요하지 않은지 판단

③ 필요한 것은 분류했다가 다시 상자에 넣는다

④ 필요 없는 것은 처분하고 깔끔하게

  1년에 한 번, 장난감을 아이들과 함께 재검토합니다. 타이밍은 상자가 넘치기 직전. 우선 상자에서 전부 꺼낸 다음 물티슈로 상자를 깨끗하게 닦고 필요와 불필요를 판단하여 필요한 것만 상자에 다시 넣습니다.

자질구레한 장난감은
임시보관함으로 쉽게 정리

ZOOM!

휙휙 던져넣은 다음

재빨리 선반에 넣어요

아이들이 놀고 난 장난감을 매번 치우는 것은 여간 힘든 일이 아닙니다. 아이들이 쉽게 정리할 수 있고 엄마도 편하게 치울 수 있는 자질구레한 장난감의 임시보관소를 만들었습니다. 휙휙 던져 넣을 수 있고 시간이 없을 땐 상자째 넣어버리면 끝.

두 아이와 저까지
셋이 같이 쓸 수 있어요

배낭, 손가방,
다양한 용도로 사용

{ 형제가 다용도로
사용할 수 있는 것을 산다 }

학년이 다르면 소풍날도 다르기 때문에 1인 1개라는 규칙을 버리고 한 개만. 수영 가방은 손가방과 배낭으로도 쓸 수 있는 것을 사서 소풍이나 단시간 수업을 들으러 갈 때도 사용해요.

이것을 사용 !

{ 잠옷에 패브릭
태그 붙이기 }

아이들의 잠옷이 같으면 '이건 누구 거지?'고민하기 십상. 딱 보면 알 수 있게 다른 색으로 사면 좋겠지만 같은 디자인이라면 다리미로 붙이는 균일가숍 패브릭태그를 옷깃에 붙여줍니다.

일정 분량 현금은
나누어 보관

지퍼백에 넣어서

1년 분을 한데 모아둔다

비상시를 대비하여 일정 분량 현금을 지퍼백에 보관해둡니다. '현금을 준비해야 하는데' 하는 생각이 머릿 속에 계속 맴도는 것이 스트레스입니다.

아이들 학교에 내는 돈이나 꼭 현금으로 지불해야 하는 경우를 위해 소분하여 지퍼백에 넣어두면 편리하게 쓸 수 있습니다.

강력 자석을
마스킹테이프로 착

주말에 손톱 깎자!

아이 손톱 정리를 자꾸
잊어버린다면 메시지 수납

아이가 어렸을 때 손톱 깎아주는 것을
자꾸 까먹었던 나. 잊어버린다면 잊어버
리지 않을 수 있게 대책을 세우자고 생각
한 끝에 잘 보이는 곳에 손톱깎이를 붙이
고 메시지를 적어뒀어요.

얇아서 옷걸이끼리
얽히지 않는다

바지걸이는 걸기 쉽고
오래 쓸 수 있는 것으로

집게식 옷걸이는 꺼낼 때 다른 옷걸이
와 얽혀버려서 살짝 짜증이 올라올 때가
있습니다.

니시마츠야 바지걸이는 얇아서 옷걸이
끼리 얽히지 않고 한 손으로 쉽게 바지를
분리할 수 있어요. 허리 폭을 쉽게 조절할
수 있는 것도 장점.

허리 폭이 늘어나요

여기에서 대기

엄마, 반창고 주세요
대신 스스로 찾는 수납

거실 수납장 문 안쪽에 세리아의 '투명 월포켓'을 반창고 크기로 잘라 매직테이프로 착 붙여둡니다. 쓰레기봉투도 붙여두었기 때문에 문을 열고 반창고를 꺼낸 다음, 쓰레기를 버리는 일련의 흐름이 자연스럽게 진행!

매직테이프를 조금
붙여두면 끝

띄워두니 깔끔

불규칙한 아이템은
제자리 만들어 띄우기

여름방학에만 집에 가져와 매일 사용하는 페트병 물조리개. 이런 물건은 어질러지기 쉬운데 수납 때문에 고민하고 싶지 않았어요. 사용하기 편한 장소에 마법 테이프를 붙여 임시 제자리를 만들고 띄워두니 정리가 편합니다.

스트레스 싹 줄여주는
집안일 아이디어

제가 소개한 250개의 살림 아이디어 중 내일부터 하나라도 해볼까? 라고 마음먹은 분이 계신다면 무척 기쁠 것 같습니다. 정리 수납의 계기가 된 사건은 매우 고통스러운 일이었지만 정리 수납으로 인해 제 인생은 많이 바뀌었습니다. 천국의 딸이 준 선물이며 일생의 자산이라고 생각해요.

집안일을 하면서 일도 하고 아이도 키우는 삶. 하루하루가 바쁘고 힘들지요. 하지만 바쁜 분일수록 집안을 동선과 시스템으로 정돈하면 여유 시간을 확보할 수 있습니다. 공간이 깔끔해지면 정신이 맑아지는 효과도 기대할 수 있거든요.

예를 들어 아침마다 식탁에서 화장을 하는데 화장품이 주방에서 떨어진 곳에 있다면 매일 왔다갔다하느라 몇 분이 걸리지요. 매일 당연하게 하니까 '귀찮은 일'이라는 인식이 없을지도 모르지만 만일 매일 5분을 낭비하고 있다면 한 달이면 2.5시간을 버리는 셈이지요. 5분의 낭비를 없애면 한 달에 2.5시간을 만들어 낼 수 있으니 피부 관리를 받고 책을 읽거나 영화를 보는 등 자신에게 투자할 수 있게 됩니다.

또한 동선을 고려한 수납 시스템을 한번 만들어 두면 아무리 아이들이 장난감으로 온 집안을 어질러도 바로 정리할 수 있어서 그래, '재미있게 놀아' 하며 흐뭇한 마음이 들뿐 화가 나지 않게 됩니다. 이제 쓰는 장소와 수납할 장소를 근처에 두고 '스트레스를 제로로 만드는 시스템'을 온 집안에 점점 정착해 보세요.

작은 아이디어로 집안일 하는 시간을 최소한으로 줄일 수 있고 바쁜 와중에도 자신과 마주 하는 시간이 생기면서 하고 싶은 일에 시간을 쓸 수 있게 됩니다.

작은 행동이 큰 쾌적함을 불러오는 첫걸음이 되는 것이지요. 머리로 생각하는 것보다 먼저 손을 움직여 행동해 보는 것을 추천합니다. 쓰기 어렵다는 생각이 들면 원래의 장소로 되돌리거나 다른 방식으로 바꿔나가면 됩니다.

효과를 느꼈다면 '더 개선할 수 있는 곳은 없을까?'라고 쾌적함을 추구해 가는 일이 즐거워집니다. 점차 시간을 확보할 수 있게 되면서 가족에게 친절하게 대할 수 있는 마음의 여유도 생깁니다.

여유가 생기고 느긋해진 지금, 저는 많은 시간을 가족과 함께 보내며 많은 추억을 만들고 있습니다. '그때 이렇게 했으면 좋았을 텐데'라며 후회하고 싶지 않기 때문에 '지금 할 수 있는 일'에 시간을 쓰려고 늘 고민합니다.

물건에 휘둘리는 것에서 해방되면서 마음에 담아두었던 일도, 하고 싶었던 일도 명확해졌습니다. 살다 보면 즐거운 일뿐만 아니라 힘든 일도 많이 생깁니다. 도저히 어쩔 수 없는 일도 있겠지만 스스로의 힘으로 바꿔나갈 수 있는 것이 분명히 있다고 믿습니다.

이 책이 여러분에게 도움이 되기를 바랍니다.

끝으로 책을 함께 만들어 준 미쓰하시 씨, 라이터 스즈데 씨 외 여러분께 감사드리며 인스타그램 팔로워 여러분께도 감사의 마음을 가득 전합니다.

귀차니스트를 위한 살림 아이디어 250

집안일 쉽게 하는 법

1쇄 펴낸날 2025년 9월 5일

지은이 aki
옮긴이 김수정
펴낸이 정원정, 김자영
편집 홍현숙
디자인 이유진

펴낸곳 즐거운상상
주소 서울시 중구 충무로 13 엘크루메트로시티 1811호
전화 02-706-9452
팩스 02-706-9458
전자우편 happydreampub@naver.com
인스타그램 @happywitches
출판등록 2001년 5월 7일
인쇄 현대문예

ISBN 979-11-5536-238-9 13590

TEMA GA ZERO NI NARU KAJI WAZA 250
©aki 2024
First published in Japan in 2024 by KADOKAWA CORPORATION, Tokyo.
Korean translation rights arranged with KADOKAWA CORPORATION, Tokyo
through TUTTLE-MORI AGENCY, INC., Tokyo, through Botong Agency, Seoul.